智慧人生

——以意义和关系为中心的探索

赵建永　众行智慧人生学校　著

天津出版传媒集团

天津人民出版社

图书在版编目（ＣＩＰ）数据

智慧人生：以意义和关系为中心的探索 / 赵建永著；众行智慧人生学校著. —— 天津：天津人民出版社，2023.5

（"智慧人生"丛书）

ISBN 978-7-201-19438-7

Ⅰ.①智… Ⅱ.①赵… ②众… Ⅲ.①人生哲学—通俗读物 Ⅳ.①B821-49

中国国家版本馆 CIP 数据核字(2023)第 082086 号

智慧人生：以意义和关系为中心的探索
ZHIHUI RENSHENG:YI YIYI HE GUANXI WEI ZHONGXIN DE TANSUO

出　　版	天津人民出版社	
出 版 人	刘　庆	
地　　址	天津市和平区西康路35号康岳大厦	
邮政编码	300051	
邮购电话	(022)23332469	
电子信箱	reader@tjrmcbs.com	

责任编辑	林　雨	
装帧设计	汤　磊	

印　　刷	天津新华印务有限公司	
经　　销	新华书店	
开　　本	880毫米×1230毫米　1/32	
印　　张	7.75	
插　　页	2	
字　　数	150千字	
版次印次	2023年5月第1版　2023年5月第1次印刷	
定　　价	58.00元	

目 录
CONTENTS

第一章

这一生为何而来:反观意义之源

大千世界,芸芸众生。

我们,每一个单独的人,对于一个广阔世界、浩渺人间而言,都是一粒尘埃。而站在"我"的角度,自己是无限大的,自己的存在与感受是伴随生命始终、无可替代的最大考量。

而"我"——一个生命存在的意义,是每个人都无法回避的问题,是每一天生活的指导精神,是决定我们一切行为方式的准则——努力进步还是浑浑噩噩,认真追求还是躺倒放弃,坚守道德还是追求利益,享受物质还是愉悦精神,照顾心灵还是满足身体……

本书就将从这个问题出发:这一生为何而来?

人生是万事万物的因缘和合,即自性①内因和机缘外因的碰

---

① 自性,指自己心性中本自具足、清净自然的精神本体。

触结合。人一出生就在各种联系和关系的网络中，在漫长的几十年里，人作为网络的成员和节点，也在不断改变着各种联系和关系，继而改变自身的处境和周边的环境。每一个人都有一份力量，或大或小，可以让世界变得更加丰富、美好！

中国古人讲盖棺论定，是后人对前人一生作为的评判。既是评判，肯定带有主客观的认识，并非真实。虽然这种不真实的评判，对于逝者已经是无意义的了。尽管意义只在生命存续期间，但影响却可大可小，小到毫末，大到千秋。

如何认识生命的意义，找到人生的正确定位和道路？对于无论是初开心智的少年，还是风烛残年的老人，不嫌早，也未为晚。

想了解自己这一生为何而来，先从认识"意义"开始。

意义是人给对象事物赋予的含义和价值，是对关系的认知，其本质是由所属系统中的关系来决定的。建立良好的各种关系（连接、一体性），意味着人生的成功和圆满，这对于理解人生的意义具有正向的作用。

人生只有在关系及其从属的系统中，才能创造价值、实现意义，这也是自然与世界的意识本源的体现。

下面，本书将展开对人生意义的探索，通过引入系统科学思维，勾勒出人生中各大关系的系统框架，带领读者认识身心内外、生死苦乐等一系列问题。

一、意义的本质:一种认知

这一生为何而来? 这深刻而又永恒的话题,常使我们在暗夜里无眠。人们所有的焦虑、恐惧、不安、无意义感,都是在试图为心灵寻找一个家园! 我们经过一趟凡尘之旅,去找寻属于自己的道路,拥整个红尘入怀,这才算是无有恐惧的真爱之举。用一生的时间活出所有的天赋,去发现人类内心所有最终极的渴望,活出生命中与他人的惺惺相惜, 让这颗生而无限的自性真心不断地舒展。旅程短暂,我们只携带最真诚的上路。

(一)意义的内涵

意义是人对自然或社会事物的认识,是人给对象事物赋予的含义,是人类以符号形式传递和交流的精神内容。人类在传播活动中交流的一切精神内容,包括意向、意思、意图、认识、知识、价值、观念等等,都在意义的范围内。

有一年春天,王阳明和朋友到山间游玩。朋友指着岩石间一朵花对王阳明说:"天下无心外之物,如此花树在深山中,自开自落,于我心亦何关?"王阳明回答说:"汝未看此花时,此花与汝心同归于寂;汝来看此花时,则此花颜色一时明白起来,便知此花不在汝的心外。"

这表明宇宙中的万事万物，在没有被我们认识之前，是存在于心外的，对自身而言是没有意义的。然而，一旦它们被人类的智慧所认知，就会被赋予其内涵和价值，我们的人生和内心也随之丰富起来。因此，学习和成长会增强我们认识世界、赋予意义的能力，经历和体证会提升我们了解世界、领悟人生的本领，这对我们非常重要。

人类与动植物相比，生命意义的不同在哪里，这是个很有意义的话题。我们可以系统地对这个世界产生认知、个性化地赋予其意义，并且确定人生超越自我的目标，这使我们与没有意义观念而浑浑噩噩的动植物有着根本区别。而且我们通过把世界意义化，形成了认识世界和改造世界的一套观念，这种经验是可以通过群体传播和代际传承的。因此，人类的集体智慧得以不断增长，人类的整体能力也与日俱增。

(二)意义的两个层次

对"意义"这个词的理解，是我们思考得失利弊的关键。晋代思想家葛洪说："性好清澹，常闲居读《易》，小小作文，皆有意义。"意义是事物对于我们的价值和效用，是一种依赖于自身价值观的主观评判。然而，归根结底，意义这两个字本身并没什么意义，因其只是头脑创造出来的关于意义的想象。就算是我们赋予人生一种意义，它也仅仅是一种价值观念的产物。

任何事物都有它自己的意义，意义应该是事物本身拥有的。而我们却很想给每一事物赋予意义，那么它就变成了我们对某件事情的一个想法。我们有了对某件事情的想法，然后我们把它说成这就是这件事情的意义。其实是我们人为强加给某一件事情以意义，包括赋予人生意义，也是这样的情况。

这是平常人对意义的认识，也就是意义的"有我之境"。王国维说："有我之境"是"以我观物，故物皆着我之色彩。"从意义原理上讲，就是"看山不是山，看水不是水"，而是我们心中的自己和观念。我们解释山和水的意义，就是在塑造一个关于自己的世界，亦即执着于对这个世界的"我相"[①]。

意义的更高层次是"无我之境"，王国维解释为："以物观物，故不知何者为我，何者为物。"这就是"看山即是山，看水即是水"，山和水的意义不需要人来界定和解释。它就在那里，它是它自身。我们到达这种境界，就可以看见世界的本源和完整。

在上述两种意义境界中，大众认识意义的初级阶段是"有我之境"，即带上自己的主观色彩来看待外物、赋予意义。而意义最

---

① 我相，四相之一，即自我之相，烦恼之源，包括我见（自以为是）、我痴（错误认识）、我慢（自高自大）、我爱（贪婪自私）。

终还是要由心界返回世界,要从自我中心之意义观念,还原到世界不依赖于我而存在的本源、本质和实相①,我们也因此体会到宇宙的完整和全息。

二、谁创造了意义:意义的初始动力

宇宙即我心,我心即宇宙。细微至发梢,宏大至天地。世界、宇宙乃至万物皆为思维心力所驱使。

博古观今,尤知人类之所以为世间万物之灵长,实为天地间心力最致力于进化者也。

——摘自毛泽东 1917 年所作《心之力》

意义是一种心脑之力,是人类生存和发展的需要。在宇宙的黑暗丛林中,人类文明的灯火好比是夜海中的微明灯塔,而个人不断求索、追求幸福的一生好比是夜空中的点点星光。在宇宙的浩瀚和无序中,人类是渺小的,个体是无助的,只有发挥好心灵的力量,以心之力来认识和改造世界,促进内心的安宁和群体的和谐,才能让人类文明的灯塔越来越亮,令人在浩瀚宇宙中的无助

---

① 实相是指万事万物的本然、全体之相,也即事物如实如是的样子。

感越来越小。

因此，人类发挥自身智慧，把世界意义化、价值化，为天地立心，以万事万物对于人类的意义和价值来给宇宙建模，并把这种系统化的智慧进行代际传承，人类文明才能不断战胜各种艰难险阻，取得一个又一个进步。

同时，只有以尊道贵德的自然法则来规范世俗物欲，人类才不至于陷入沉沦，而永远保持自强不息的进取精神。

（一）为何要赋予意义

我们为什么总想对每件事情赋予意义？从头脑的角度来看，意义是头脑的需要和预设，是头脑基于恐惧创造出的抓手，它就像是一个把手一样。比如，有一个箱子不好抬，我们需要制作一个拎手。其实，我们对生命是什么都抓不到的，对人生也什么都抓不到。生活中，为了方便提一个东西，可以有抓得住的地方，就设计一个辅助抓取的装置。而意义就类似于这样一个东西，方便我们触摸或抓住一些什么，方便我们了解或控制一些什么，这与头脑的"抓取"功能有关。

由上可见，我们认为一件事情的意义，就是头脑给予我们的一个认知、看法、评判或执着而已。这是我们从自我中心的角度，对于某一件事情的一种个体性的看法。其实，当我们在说人生的意义是什么的时候,也是在做这件事情。

如果真想了解一件事情的意义,或人生的意义,必须对人生进行一个整体的观察。如果我们不对人生展开一个整体性的观察,那么我们所赋予的这个意义,就是非常轻浮、肤浅的。头脑赋予任何事情一个意义,无非就是方便我们的"我执"①,这是头脑运作的一个特征。我们的自我想分辨、衡量、对比,就会制造出一些对立——有意义、没有意义。如果说它有意义,就会有其他一些是没有意义的。既然有些东西没意义的,那我赋予它一个意义,这纯粹是头脑的运作方式。

《庄子》中的惠施一直在试图打破这种意义上的偏执,提出"天与地卑,山与泽平"。天尊地卑、山高泽低,都是我们头脑中存在偏执后,才觉得万物在意义上不一样,地位上有高有低,功能上有好有差。这属于分别心,看事情不通透。

(二)意义让人有动力去做事

如果人们仅想了解头脑赋予事物以意义这个层面,是很容易

---

① 我执,指人类执着于自我的缺点,包括自大、自满、自卑、贪婪,执着自己的想法、做法,提不起自己的义务与责任,自我意识太强而缺乏集体意识和奉献精神,或太关注自己而忽略别人等等。消除我执就可以将潜在的智慧显现出来,成为有大智慧的人。

的。我们可以让一个人谈一谈：您这辈子遇到最有意义的人是什么？您生命里最有意义的一天或事物是什么？

只要把这些问题回答完，就会发现这些所念所想中的某人、某天、某事物，都是一种头脑的认知。我们把这些认知，认定成我们赋予它的意义。此所谓意义与那个物体、那个事件、那个人等等，往往是没什么关系的，仅仅是我们个体化的一种看法。

头脑就是这样，一旦有意义，便愿意去做。如果没有意义，就想放弃。在整个过程中，我们仍然要利用"看见"①这一工具，发现真实的实相是什么。其实，实相才是意义本身，而我们赋予一件事情的意义，反而只是头脑的一个看法而已。所以当我们认为某件事情有意义的时候，那就是我们看待一件事情的角度，是我们的视角或视野，这也是王国维所说的"以我观物，故物皆着我之色彩"。

三、意义的作用：人生向导

生死大海，谁作舟楫？无明长夜，谁为灯炬？

——摘自玄奘《大唐西域记》

---

① 成长的过程当中，不是追求对所有事物的接受。那往往都是忍受，我们也很难从中受益。接受其实是一种看见，是看见事物本质的两面。不再是头脑的对立，而是完整地看见阴阳两面。在那份看见里，所带来的就不再是接受。在那里，接受不再是问题！

人生天地间,各自有禀赋。为一大事来,做一大事去。

——摘自陶行知《自勉并勉同志》

在我们的一生中,出生于什么样的家庭、这辈子幸福与否、身后有什么样的声名,一切自有安排。但这又需要我们通过努力来实现,人生的轨迹总体上而言,是初心和使命的投射。而在漫漫人生的旅途中,我们如果缺少精神食粮,就会对为什么要这样做人做事,为何要这样过完一生,产生很多迷茫和痛苦。如果缺少正确的意义观和使命感对人生予以引导,我们就会感觉这辈子过得不幸福,这种情绪甚至也会影响后代的人生轨迹。

(一)人生意义在于体验

苦乐问题是了解人生意义的基本途径,值得我们探讨。人类的动物本能是趋乐避苦的。我们喜欢回避受苦,朝向快乐。但是如果人生的意义只是追求快乐的话,那我们的大部分时间就变得没有意义。因为大多数时间我们是不快乐的,从某种意义来讲,一味追求快乐的人,从来都不会长久的快乐。

快乐只是一种感官的体验,如果我们只是追求感官体验的话,那这样的快乐是很有限的。人类的快乐是分层级的,有动物本能的快乐和更高级的快乐。我们认为,超越物质层面的快乐,可能更有意义。比如,精神层面的快乐就超越了肉体感官的快乐,于是就有了更高层级意识领域里的快乐。

我们往往觉得,精神层面的快乐比纯感官层面的快乐可能更有意义。有时候我们认为有意义的事情,不是关于感官上的,而是精神层面的,不是低级的,而是更高追求的。我们认为,低级的快乐是没有太大意义的。一旦超过这种低级快乐,我们就会认为,这样的生命才是有意义的。它的意义,只是因为脱离了感官快乐的层级,而来到了更高层级的精神快乐。

由此反观,可以看到我们又陷入头脑二元对立的陷阱。因为头脑是把生命分成快乐的、不快乐的。比如,伴侣关系本应让我们快乐,可长久的相处过程未必都是快乐的体验,也充斥着各种各样矛盾冲突和彼此伤害。如果只是把追求快乐,赋予成伴侣关系的意义,那么不快乐又属于哪个部分呢? 当我们赋予伴侣关系意义,不包含那些不快乐的日子,这样怎么可能称得上有意义呢? 意义的重点在于体验,而不是体验什么内容,无论是快乐,还是不快乐的。一旦超越了快乐和不快乐本身,这也是一种意义,即体验本身。无论体验的内容是什么,那种体验才是最有意义的。

在智慧的人生中,人们追求有觉知地活在当下。因为活在当下,只有体验,并没有把体验的内容分成快乐和不快乐。当下纯粹在体验,所有的内容只是体验,这就是意义所在。很多事情不只是因为快乐人们才会去做，而是因其超越了感官的体验。比如，追求、信仰、价值观系统等等，这些一旦参与进来，我们就觉得有意义。换句话说，我认为这是有意义的，所以愿意去做，不仅仅是为了快不快乐的问题。

人生是由经历组成的，我们的人生是否丰满，也是由各种体验组成。我们的人生能不能打开局面，像一条大河和大海那样容纳百川，这是需要自信和包容的，这就需要心灵的力量。我们的人生需要有积极色彩，来更主动地打开身心内景，开启智慧的大门，以灵动的生命智慧来让外在的世界明媚起来、丰盛起来，这样会让我们的人生更有创造力、更有价值、更有丰富的体验。

(二)意义是信念系统的核心

无论从先天还是后天来看，每个人生命的意义都是不一样的。因为每个人对生命的认知是不一样。因此，我们赋予生命的意义，肯定是不一样的。生命的意义是什么？这是没有标准答案的，标准答案本身就不太成立。举例来说，有些人说："我生命的意义就在于我的孩子。"那么孩子的生命意义又是什么呢？所以我们不可能有一个标准答案。

我们探索生命的意义，在于通过探索看到，我们之所以赋予生命意义的背后是有原因的，这倒是很有意义的一个话题。一个政治家，他赋予生命的意义可能就是为一个国家或政党去服务。一个军人,他赋予生命的意义是关于保家卫国的。一个科学家,他赋予生命的意义是在所研究的领域里多出成果。而一个哲学家,可能赋予生命更多终极关怀的意义。一个人赋予生命不同的追求,他对生命赋予的意义,都是完全不一样的。

比如，有的宗教人士说:"我这一生的努力是为了来世的回报",也就是说,这一世的意义,是为了来世服务。那么这一世的意义,是不是由上一世决定的?这是其中特别矛盾的部分。如果这辈子没有意义,怎么能保证来世就是有意义的? 这一世不就是前一世的来世吗? 因此,宗教里关于人生意义的看法,有一些疑问待解决。

如果人生的意义是内置的,我们一出生就带着某种意义而来,那就要另当别论。如果是造物主创造了人类,那么它在创造人类的时候,有没有自己的企图心呢? 经典歌曲《感恩的心》歌词中提到:"我来自偶然,像一颗尘土……我来自何方,我情归何处? "这涉及每个生命来到这个世界上,是不是带着什么使命,才来到这个世界上?

有人说,生命就是一场毫无意义的重复。人之所以想赋予生命以意义,还有一个原因,就是如果一旦生命没有意义,我们所有的重复就变得没有意义。如果我们的重复是有意义的,那么我们可能有兴趣继续去重复。如果重复没有意义，那重复会让我们非常受折磨。因为每一天都是一样的，日复一日，年复一年，明天是今天的重复，今天是昨天的继续。如果是这样，我们真的就是在毫无意义地生活。因此，我们很想为生命赋予一些意义，那么这种重复就会变得有意义。否则，我们很难面对毫无意义的重复，这样有人会放弃生命的。有一首诗说，人会溺死在无意义感里，所表达的就是这个意思。

想追求一个有意义的人生，是头脑和自我出于恐惧的需求。如果在自性的层面，哪有什么有意义、无意义？存在就够了。人活着有没有一出生就内置的具体的意义？如果没有，我们就可以在有生之年赋予生命一个意义。

有时候意义更像是一种信仰，也就是说，不管别人怎么看，反正我就信这个部分，那就是自认为的意义。但别人有别的信仰，也会觉得生命是别的意义。人们对于自己赋予的某个意义，就像信仰一样，只相信这个意义。信仰是一个人的信念系统的核心，可以说，您信什么，您就怎么去活。您有什么样的信仰，您就会过什么样的日子。如果我们赋予生命意义，它就会成为一个指导原则。我们的思想言行和生命方向，可能全是基于这个意义所做的决定和选择，它成为生命背后核心的驱动力。信仰就是人们行为背后的准则和诉求，即您基于什么来说话？基于什么去行动？这些行为背后的推动力，往往就是我们赋予生命的意义。

如果一个人赋予生命意义，可能会更有生命力和创造力。如果一个人没有赋予意义，其生命可能会陷入一种无意义感。一旦陷入无意义感，那么可能带来的就是没有方向感，没有动力，甚至会滑落到道德沦丧的境地，过着如行尸走肉的生活。因为没有意义了，活着只是为了活着。因此，人生的意义，或活着的意义，作为一个特别重要的价值话题来探讨，是很有价值和意义的。

现在很多人之所以对生命充满迷茫，没有方向感，没有道德的约束，是因为他并没有赋予生命意义，身边也没有人引导他这样做。一个人若对生命不赋予意义，他就会跟着欲望走。人一旦不跟随意义，一定就会放纵习气。那种为所欲为的生命状态，是因为生命没有一个具体的信仰、方向和推动力。也就是说，这一生为何而来，是关于生命意义的终极思考。作为成年人没有完成这个功课，生命一定是混乱的。

也许生命果真没什么意义，但我们还是宁愿相信，某种认知、某个事业、某个理念、某个追求，是有意义的。其中很核心的部分在于意义是个人化的，不能被统一和标准化。它只是个体意识的一个选择而已，没有大众化的标准答案，因人而异。因为每个人对自己生命的理解、感受和体验，包括人生所有的学习、经历等等，都是不一样的。每个人赋予人生的意义也是不一样的，它非常地个人化。

(三)意义是这一生用来做什么

意义是关于把这一生用来做什么,剩下的生命时光拿来做什么?音乐家可能想到的,生命的意义是做音乐。画家有可能就是绘画。武术家可能是在身体上下工夫。医学家可能是关于如何疗愈患者。哲学家可能是在自己的思想上进行深入探索。革命家、政治家可能考虑的是为人民、为国家谋福利。

每个人所谓的人生意义都是基于自己的立场、原则、使命,自己对于生命所赋予的意义和价值。基于头脑的原因,我们觉得只经历人生是不够的,还要有一个需求,即赋予人生意义。

如果生命本身确实没有什么意义,那这是一个非常好的机会,我们可以赋予生命自己意愿的所有意义。在这一点上,我们就有了赋予生命意义的自由。在此过程中,我们可以自主地作选择,拥有这份自由也是很宝贵的。

《道德经》讲:"人之生也柔弱,其死也坚强。"当人年少时,头脑里没有那么多定型的意义观念,因此是比较开放和自由的,有不少天趣。等到老的时候,头脑观念逐渐僵化而难以改变了。即所谓固执己见的"老顽固",头脑与肌体一样变得冥顽不化。其思维好像已经被困在硬壳中,而难得自由自在的乐趣。

如果想搞清楚生命的意义是什么，前提是要清楚生命本身是什么，我们才能谈论生命的意义。这个意义一定跟所谓意义的本质有关，如果我们探讨生命的意义，首先要对生命的本质展开一些探索。如果人在很年轻的时候，就找到一个生命的意义，其好处甚多。这个思考的过程能带给人方向感、创造力、积极的行动力，让我们对生命产生更多的热爱，这是一个非常积极正面、有价值的探索过程。否则，有些思考可能会带给生命特别大的压力和伤害。

可见，我们探索的生命有意义还是没意义，以及生命的意义到底是什么，这是对生命的一种认知和触动，而不是威胁。这样有点压迫感、有些分量的议题，会让我们从更神圣的角度看待生命，获得对生命更深刻的理解。这会让我们面对生命的态度变得更严肃起来，对生命产生更多敬畏、仰望、尊重和珍惜。如果我们能为自己的生命量身定做一个意义，赋予它不同的非凡意义，这本身也是富有创造力的过程，会使我们对生命有更深刻的反思、更深入的探寻。我们对于生命的这份拥有，因为这个定位会发生一些不一样的转化。

每个人的生命是不是有一个终极的目标？我们一出生是否就有一个内置的意义？这种问题会让我们对生命有更深入探索的意愿，当探索到一定深度的时候，一定会触碰到一些和生命本质有关的问题,这是一个很有意义的探索过程。比如,探索生命的意义,涉及一个非常有意义的话题——生死问题。通过对死亡更深刻的理解,我们可以更深入地了解生命的意义。

这也就是法国文学家罗曼·罗兰在《米开朗基罗传》中所写:"生活中只有一种英雄主义,那就是在认清生活真相之后,依然热爱生活。"由此,我们基于对生命和意义的洞察,可以清晰并实现"这一生为何而来"的使命,让此生不留遗憾,并在意义的系统观中,得到收获感和圆满感。

运用系统思维可以有助于我们更全面深入地思考和活好这一生,精准地找到自己的安身立命之道,让自己的一生获得喜悦、幸福、坦然、充实、温暖、自在。这样就能除去内心的空虚焦虑,尽可能地让自己心安理得地活在当下。

第二章

用系统思维把握生命本质

本章以系统思维贯穿相关问题，是本书承上启下的关键环节，上承首章人生意义，下启后章"智慧人生"的主旨及各种关系。

培养系统思维是实现智慧人生的重要途径，也是智慧人生文化的核心专长之一。当处于自我中心之中，我们能够看见的是很有限的。一个细胞不会成为身体，但是如果细胞能够看见是整个身体在支持它的存在，这个"看见"该有多珍贵？作为一个生命个体，如果能看见整体为我们提供了什么，创造了什么，承担了什么，那我们会被感动成什么样子？我们得到了那么多，却得不到满足感，也生不起感恩心，这到底怎么了？这是缺失系统思维所导致的问题。

我们生命里所有的成就，不仅仅是个人努力的结果，在所有发生的背后，还有更多的"存在"在参与。去看到那些容易被忽略的"存在"，这容易培养我们的谦卑心、感恩心和神圣感，进而感谢生活中各种困难所带来的成长。世上没有绝对的个体,我们永远被太多的未知支持着。有一份这样的认知,也容易使我们连接自性,回归到"本性的放松",开发出本自具足的智慧!

一、系统论和系统科学

(一)系统的特征

学习系统科学,首先应该明白什么是系统? 系统一般是可以封闭运作、自我完善,并且能够自发动态平衡的集合体。例如,生态系统就是常见的系统之一,我们所处的世界是由各种各样的系统组合而成的一个巨系统。

作为社会性的生命,每个人都隶属于某些系统:他会是家庭成员、社区居民、单位职工……而且人本身就是由身心脑各要素构成的一个系统。这些大大小小的系统相互联系,组成一个完整的社会系统。我们就是在这种系统中孕育、出生、成长起来的。

从身体系统、家族系统、人类系统、生态系统到宇宙系统,都是由各级系统所组成。系统由个体组成,彼此间以某种方式相互交流、相互影响。其中某一个体的改变将导致其他个体随之改变,这些变化都会对系统结构有影响。一个活的系统就是一种生命共同体,系统中每位成员都参与整体系统的建构过程和所有重要事件。

系统是由两个或两个以上的元素相结合所构成的有机整体，系统的整体不等于其局部的简单相加。系统观念反映了人们对事物的一种认识，揭示了客观世界的某种本质属性，其内容就是系统论和系统科学。

系统论是研究系统的结构、特点、行为、动态、原则、规律以及系统间的联系，并对其功能进行解析的新兴学科。系统论的基本思想是把研究和处理的对象看作一个整体系统来对待，将原本单一的事物放到整体中进行分析研究。系统论的主要任务就是以系统为对象，从整体出发来理清组成系统各要素的相互关系，从本质上把握系统整体，以达到最优的目标。

系统科学是现代自然科学与社会科学相统一的交叉学科。自1968年贝塔朗菲提出"一般系统论"后，现已逐步发展成为一门拥有众多分支学科的系统科学。如今的信息论、耗散论、控制论、协同论、量子论、超循环论、混沌理论、复杂性理论等，都是系统论的延展，形成了系统科学的体系。在此过程中，系统科学思维也随之产生。现阶段，在人们认识和改造世界的进程中，系统思维是实现人与自身、社会、自然和谐统一的强大思想武器。

要掌握系统思维，须要先理解系统的特点。究其内涵特质而言，系统具有以下六个特点：

1.整体关联性

整体关联性是建立在整体与个体之辩证关系基础上的,整体与个体密不可分。古希腊哲学家亚里士多德有句名言:"整体大于它的各部分的总和。"这说明系统中每一个体之间不是 1+1=2 那么简单机械的组合,脱离整体的个体就失去了功用。比如,一只手与胳膊在一起,属于人体的四肢,说是个器官也可以。然而一旦手与人体分离,瞬间就失去其原本功能,摆在旁边还会引起人的生理反感,恨不得快点把它处理掉。此时手也不再是手,而成为了某些恐怖类影片的艺术表现手段。

系统是一些由相互关联和制约的个体结合而成的具有特定功能的整体,彼此间有着密切的连接和作用,主要体现于个体与整体的关系。如,人体的消化系统、神经系统等所有系统共同运作,以维持生命的正常运转。两个个体就可组成一个系统,但是这个新系统的能量和功能却比各个部分个体的总和还要多,形成一加一大于二的整体效果,而多出来的"第三方",就是个体之间相互关联和作用的产物,即这些个体间的"关系"。

《道德经》名言"道生一,一生二,二生三",描述的就是系统思维观照下个体与整体的关系。系统是一个有机整体,当我们了解系统的整体关联性,就会明白"牵一发而动全身"的道理。例如,我们不要把家族简单理解成只是爷爷奶奶、外公外婆、爸爸妈妈等家人生活在一起,还要看到家族系统深层次的集体意识里错综复杂的关系。其中各种各样的制约、影响因素,使得彼此之间的关系非常微妙,而且其系统性动力极其强大。

2.动态平衡性

倘若家族内因减员而失衡,在系统动力的作用下,必然会设置一个人来弥补其原有位置的功能,使之恢复平衡。例如,家中父亲过早离世,长子往往会担负起父亲的部分功能,努力供养、支撑其整个家庭,这一过程会让长子的性格朝着刚毅、坚韧的方向发生转变。简单来说,系统就在平衡与不平衡之间运作,仿佛背后有个总管理处协调着系统内的各种关系。

系统运行不以个人意志为转移,它只理会整体是否平衡,而我们就被这股力量运作着。譬如,一个人因某种原因失明,为了生存下去,他的嗅觉与听觉就会随之增强,以弥补视力缺陷,虽不能像健全人那样正常起居,但也能以独特的方式生存下去。可见,系统内的平衡是动态的,与其整体性一样,不是简单的机械原理和数量上的平均,而是系统内部为实现平衡,依靠系统运作法则所构建出的相对和谐状态。

3.等级结构和时序性

时序指时间顺序,也称作"序";等级结构是依照某种标准对系统内成员进行分类而产生的排列方式,也称作"位"。这就好比在职场中,有人在高一点的位置,有人在低一点的位置。又如,有父母说与孩子相处就像朋友或哥们一样。这不一定是个好现象,因为父母就是父母,孩子永远是孩子,彼此可以尊重,可以平等,但是家族的等级秩序必须清晰。否则,这个孩子长大后没大没小,该担当的担当不了。若搞不懂自己的序位,就业以后不仅可能与上级搞不好关系,甚至难以做好自己分内的工作。

再如,一家三代在一起吃饭,第一口菜夹给谁? 通常应当是爷爷奶奶。这可以让孩子了解生命是有规则的,当下爷爷奶奶有优先权,最小的孩子没有。如果孩子有优先权,这就麻烦了。他未来走向社会后,会认为自我的需求是有优先权的,便会搞砸所有的关系。若把原生家庭养成的这种习惯带到人际关系里,社会是不接受的,因此合理序位观念的塑造应从娃娃抓起。儒家的"正名""位育",道家的"敬畏自然",都是站在系统观的高度上强调这一系统特点的重要性。遵守系统的序位,让我们既有了安身立命之本,又弘扬了中华优秀传统文化,与此同时内心也充满了正能量。

4.具有界限性

界限,是说一个系统和另一系统之间是有区别的。界限是人与人进入关系时,彼此能量边沿的基础面。那里虽然没有一道高墙,却是人与人之间真实的边界。就像所有的地图都是由边界组成的,那曲折的线条清晰地标记了人与人紧密地连接却又各自独立。界限决定了我们的空间、领地、权力范围。界是边缘，限是不可逾越。人与人之间是有界限的，一旦跨越就打破了原有关系。在各种关系里，如果我们能够清晰地认知到界限的功能与价值，我们所有关系的和谐就有了基本的保障。反之，若对界限的认知不够清晰，就容易让关系陷入混乱与冲突。

系统的界限不是显态，往往是看不见的，但是它能清楚地区分出谁是系统内，谁是系统外的，家族系统也有这样的界限。比如，一家人有五个兄弟姐妹，其中两人过世了，剩下三个兄弟姐妹。通常这样的家庭与外部的界限极其清晰，家里的女人嫁不出去，外面的女人娶不进来。同时，这种家庭内部的界限却极不清晰。这是因为，当家族里有一些生命离开后，这些逝去的生命便成为家族中绝口不提的伤痛，就会在无形中形成一种力量，使他们牢牢地、紧密地生活在一起。还有一种表现形式是"刺猬效应"，人们凑在一起就会发生剧烈的冲突，一离开又拼命地想聚在一起。就像一群冬天的刺猬，因为冷，所以使劲往一块挤，可是彼此会刺到对方，于是又会迅速散开。

由上可知，父母之爱于子女而言，并不是"都挺好"的。这份原始之爱，通过成长和学习而进化、升华，就会转化成一种更高级的情感！父母轻松，儿女也自在！多少家庭，硬生生地把这一关系活成了纠缠！健康的家庭关系，有着清晰的界限与尊重，清晰的序位与担当,清晰的方向与目标! 智慧的爱,才是至善!

5.共同性

同一个系统内部具有共同的特征,不同系统则有着不同的特征。例如,不同的种族、民族有着独具特色的饮食、服饰、语言、风俗、文化等等。唯有具有共同的特征,才有归属于这个种族或民族的资格,也才能较容易地对其所属系统进行界定。

在家族系统里主要的共同特征,是血缘关系。每个系统都有它的目的,有些系统一旦达到目标就会解散,但是家族系统除了被消解,是没有办法主动解散的。因为家族系统的目的是传承生命,一直往下延续。家族中只要有人存活,系统动力就在坚持运作。哪怕只剩下最后一个人,系统动力仍然会支持其找到伴侣,繁衍后代,让这个家族继续发展。

6.功能性与目的性

每一个系统都有它独特的功能和目标,以维持整个系统的平衡和生存,同时连接更大系统。比如,水塘里的母鳄鱼生了鳄鱼蛋,孵出很多小鳄鱼,公鳄鱼会把许多小鳄鱼吃掉。生物学家发现,如果被孵出的小鳄鱼全部长成为大鳄鱼,那么最后整个水塘里所有鳄鱼都会因生存资源不足而死去,公鳄鱼的行为只是为了维持系统整体的平衡。

每个系统的运作规律都是在保障个体生存的同时,实现系统内外部的动态平衡。所有这些动力都源自系统的求存机制。家族系统有一个最大的功能，就是为了爱、为了生命、为了系统的未来，尽力让每个人都活下来，并且使生命可以不断传承。

通过系统科学我们可以认识到，我们与整个世界、与每一个生命、与每一个存在之间，都存在着复杂的关系。我们不仅是属于家族系统的一员，也是属于所有更大系统的一员。我们被系统制约，同时也受益于这种制约。几百万年人类进化的智慧存在于我们的生命中，这些来自更大系统背景的支持，对我们来说都是莫大的恩典。

(二)什么是系统动力科学

系统动力科学是由德国伯特·海灵格(Bert Hellinger)博士所整合发展的一门集生命哲学、系统论、心理动力学、应用心理学、信息论为一体，为生命和整体服务的科学方法。其中的主要工具是系统排列，它透过角色代表扮演及互动呈现的方式，探索问题的根源，并指出解决问题的方向。它帮助人们面对生命中的困扰，回归"爱的和谐与序位"，从而使系统回归"自然和谐、有效运作"。

从人的发展来说，家庭是最基本、最重要的一个系统。系统排列发现家庭系统有一些隐藏着的、不易被人意识到的、普遍存在的"自然秩序"，影响着每一位成员。当他们的序位都恰如其分时，爱就会有效地流动。系统排列可为当事人与伴侣、父母、子女或其他人际关系和谐相处提供可靠的指引,同时可为已经破损的关系提供解决方法。通过学习这种方法,人们能够更有力量地调整人际互动,更清楚地规划个人生涯。它在欧美已被广泛应用于康复、教育、商业、组织发展(如企业重组、并购、文化建设)等方面,在心理疗愈方面多被应用于家庭治疗。

从内涵上看,系统动力科学是全息科学,是关于爱的科学、爱的艺术、爱的文化,适用于父母、夫妻、亲子、人际、族群等关系之间。我们可以通过家族系统去了解生命系统,用人道去了解天道,进而了解更为广阔的系统。它不神秘,却很朴实,朴实到就是天地间的一种自然现象。因此,表面来看我们是在探索家庭关系、事业关系等问题,但是在其背后,我们会更明晰一些智慧人生的普遍规律。

系统动力科学是一门综合的科学,与所有的传统文化都有共鸣。系统动力科学也是一门传统文化。它很古老,古老到从有人类那一天起就已伴随在人们的生活里。它很传统,传统到那个时候没有宗教,没有社会,只有族群,在最原始的部落里,这种智慧就已存在。后来它被发现,而不是谁发明了它。它更像一个潜在的法则,是看不见、摸不到的。比如,看不到风,却看到树枝在摇动;看不到四季,却看到花开花落。但是四季也好,风也罢,它们都是真实地在运作着。这门科学有非常多的自然法则,越深入探究体会它,越容易受益。

系统动力科学是关于"道"的科学。具体而言,它是关于幸福的科学,关于关系的科学,关于潜意识的科学,关于宇宙间各类系统彼此互动的法则。这用中国的一个字来概括就是"道",只不过它是在人伦里谈天道,在家族系统里谈生命系统,进而连接更大的系统。但是生命的整个成长的过程只有立足于您的家庭、您的幸福、您的关系、您自己,这条生命成长与成熟的路才是踏实的。这不是道听途说那样仅获得间接经验,而是看向生活,看向自己,以获得对人生智慧的直接体验。

系统动力科学是关于关系的科学,研究原生家庭、父母、兄弟姐妹、伴侣、亲子、事业、金钱、健康等所有资源跟您的关系。归根到底,这些关系最终就是我们和自己的关系。与自身的关系一旦有问题,外面所有的关系都会出状况,无论是父母关系、伴侣关系、亲子关系、事业关系。所有关系的核心要义,第一个是在位,第二个是接受,第三个是尊重。按照这样的活法,可以让我们的关系更加和谐、幸福。

系统动力科学是关于潜意识的科学,是关于法则的科学,是关于所有事情背后实相的科学。觉醒、开悟都是活在实相里,这样的生命里没有幻象,只有实相。这里面有真实的情感、真实的智慧,都是真实的生命、生活和关系,没有虚假,而真实的东西总是最自然、最美、最有效用的。

系统动力科学是一整套的生命管理科学,相较于用做治疗手段,管理好生命才是其核心。这门科学使我们打开一扇窗,开始对生命的深层次奥秘有所了解,让生命从此不再肤浅。它让我们了解到每个生命的背后,都被许多力量制约着。系统动力虽无形无相,但对人影响巨大。每一个人都应该在有生之年去了解我们的生命被多少看不见的力量制约,因为正是那些看不见的在束缚、制约并决定着这些看得见的。

由此可知,我们找什么样的人结合,做什么样的行业,乃至每人的性格综合反映出来的主要行为、情绪特点,几乎都来自族群和系统动力的推动。因为人总归是来自家庭,如果不去处理这个部分,很难谈解脱和自由。生命是需要被了解的,我们不仅要了解其特点和规律,更要利用这些规律、特点,去创造幸福、创造喜乐、创造内在的成长。

二、系统动力三大法则

系统动力科学之所以能发挥作用,与我们对潜意识的掌握和运用密不可分。我们不要忽略了潜意识,它既决定过去,也能创造未来。我们一直认为,是"我"在决定着一切。这绝对不是事实,而是潜意识决定着我们的观念和行为。如果我们真正能学习到一种探索潜意识的方法,那是极其幸运的。系统动力科学为我们提供了很多掌握潜意识运作法则的有效方法,好好珍惜并运用这种方法,那既能改写命运,也可以改写未来!

宇宙的运行有其隐藏的法则,系统排列创始人海灵格发现:人类系统的运行也有隐藏的法则。系统排列的核心内涵可归纳为三大法则:序位、平衡、完整。以此来看,很多问题会迎刃而解。这三大法则不是海灵格创造发明的,而是大自然本有的运行规律,亘古不变,隐藏于万事万物的背后,长期不为人知。这些法则维护着生命的传承,任何人违背,都会陷入受苦的生命状态,直到认知和遵循这些自然法则,才能拥抱和谐、幸福的生活。

(一)序位法则

序位法则有两个层面:一是同一系统内的序位,即优先来到系统的人比后进入的人有优先权。例如,家庭内部长幼有序,哥哥姐姐比弟弟妹妹有优先权。再如,公司里,老员工比新员工有优先权,这和职位无关,只按照先来后到的顺序。二是不同系统之间的序位,即新的系统优先于旧系统。例如,当有人结婚组成自己的家庭以后,新成立的小家庭的序位,要优先于原生家庭。这是一个非常重要的法则,伴侣关系里很多问题,都是由于这种序位出了问题。很多人出嫁了,并没有真正嫁出去,身体虽然在小家庭,但是心依然滞留在原生家庭。

通过系统排列我们可以看到,失序离位是症结的根源,而通过各归其位则会走出困境。系统排列契合自然的秩序,使人在家庭角色中尽其责任,并在社会中找到定位。各谋本分天下安,是为大道之基。长幼有序、万物有归的观念,儒家以之为实现大同世界的根本。因此,序位法则与儒道思想相合,更是现代伦理学、管理学的活用版。序位法则通过系统排列的操作模式,让人以看得见、体会得到的方式,将错位失序所带来的后果清晰呈现出来,把遵循伦理序位的好处具象化地呈现。不管人们重视或忽略它的影响,序位法则都是从不间断地在运作,并终将一次又一次带给人深刻的警醒。

在家族系统中,每一个成员都有其应有的序位。这个序位是自然产生的,不能被随意变换与调整。当序位被遵守,每个人站在自己的位置上,承担着这个位置上的责任、义务,行使该位置赋予的权力,一切都美好而宁静,祝福与恩典随之而来,内心感觉轻松,力量和喜悦自然升起。

当序位被破坏,比如儿子站在父亲的位置,女儿站在母亲的位置,系统就产生紊乱,提醒就随之而来,疾病、厄运、失败、辛苦、透支、匮乏等痛苦都是提醒的表现方式。现在很多孩子由爷爷奶奶外公外婆抚养，特别对3岁以下的孩子来说是一大困惑。这样长大的孩子，在社会上也不容易找到自己的位置，常处于混乱和迷失中。他们往往很努力，也很容易放弃，他们内心世界总是充满着喧嚣的噪音、冲突、焦虑，这使其无法客观评估外在世界与他人，难以与外界和他人连接，无法建立亲密关系。他们渴望得到爱，又会怨恨给予其善意与关怀的人。这样的人难以受到帮助，因为他们总是自我放弃。

还有一种常见的违反序位法则的现象是越位承担，这是孩子出于对父母的爱，无意识地满足父母的需要；或者是希望通过替父母承担，把父母留下来；或者是应该面对和承担的人逃离了自己的位置，其他家人不得不去承担。

从上述逻辑来看，古语"人不为己"，就有了多个层面的含义。例如，不站在自己应有的位置上去生活；不尽自己位置应尽的本分；不甘于生命赋予我们应有的位置与角色；不安于自己的位置，而贪图于自己以外的其他位置；不甘于自己的位置，总想成为更受关注、更有优越感、更能满足自我重要性的自己；缺少自我修为；对成为一个更好的自己不作为、放任、没有觉知、没有成长；甚至一个生命要来到一个可以被帮助的位置，有时也要经过很长的一段时间。这都属于"人不为己"，结果就导致了"天诛地灭"。这是指当我们放弃了自己的位置,天地间就没有其他位置提供给我们了,这样会被天地排除的。天地的法则就是所有冗余的,都要被清除。守好自己的位,就是守好自己的道。这是对生命最根本的尊重!不在己位就是"魔",因为这会为别人带来莫大的障碍,也必将使自己遭受莫大的伤害。这都属于人不在本位上好好地修为,使自己成长,结果就导致了"天诛地灭"。

在自己的位置上做好自己该做的,是为这个世界做出的最大贡献。自己每成长一点点,这个世界的一部分就提升了一点点。如果自己能够觉醒,这个世界就多了一分觉醒。如果自己能活得快乐,这个世界就多了一分快乐。如果自己的意识层级能够提升,那么整个人类整体的意识层级就向上提升了。哪怕单单是让自己少了一点匮乏感,都是让整个世界少了一分匮乏。运用序位法则,在不知不觉中会发现生活变得日益美好,这是一种良性循环状态。

《千家诗》云:"诵诗闻国政,讲易见天心。""易见天心"典出《周易·复卦》"复见天地之心"。国学大师汤用彤认为:"天地之心"系决定万物之所以然者,即宇宙全体实质上是一种"至大至刚的秩序",万有顺承序位,才能各得其所。宇宙万物和人类是一个生命共同体,实现人生幸福和社会和谐的关键在于:使"人心"合于"天心",复序归位,与道同行。

对此"天理"自然的序位,人们多从"不存在而有"的逻辑思辨角度来理解。而通过"系统排列"可知：这种序位系统是有能量场的，并有自组织功能，是决定着一切事物存亡的"看不见的存在"。正如《朱子家训》所云："伦常乖舛，立见消亡。"

"天心"（整体良知）超越于人类的集体潜意识（集体良知），也决定着人的潜意识（个体良知）和相关行为。《庄子》中的寓言"魍魉问影"，即在揭示此理：影外微影，不得自由，影子亦复如是，而其主更有其主。潜意识这种主宰作用对整个生物界亦然，如万里迁徙中雁阵的奇妙排列，庞大鱼群的华丽转身，何以能够同时完美精确地协调完成？这表明各种生命的潜意识是相互贯通的。系统排列实际上是通过个体意识与自己潜意识的沟通，进而与家族、民族乃至全体人类、自然万物的集体潜意识相连接。

（二）平衡法则

平衡法则也有两个层次。一是在人与人关系方面，要做到施与受的平衡，也就是付出和得到的平衡。比如，朋友请您吃饭，连请三次后，您一般会要求回请，否则心里会不舒服，很想平衡过来。又如，伴侣关系里一方付出的爱多一些，另一方也想为对方做一点什么，这也是出于平衡的需要。这是正向平衡，会促进关系越来越亲密。二是系统在整体上的平衡。一个系统只有保持平衡，才可能持续，它不是以个体意志为出发点，而是以整体的、系统性的需要为考量。

既然我们都处在一个系统中，就需要明白系统的运作原理。任何一个人都不是孤立的，都在相互影响。系统本身出于维护系统运作的需要，会对所有人做出调整和平衡，对影响系统的力量做出平衡。平衡是维护系统运作的基本要求，否则系统就会崩溃。系统内的平衡一旦被打破，系统就会作出回应，直至达到新的平衡。

平衡是大自然最重要的规律之一，人与人之间的互动也出于平衡的本能。施与受的平衡更是关系成功的重要秘诀，但要如何平衡却是一门需要学习的艺术。如果想获得任何形式的成功，学会平衡是必须的。因为一味付出的人会产生愤怒，被付出的人会有巨大的压力，从而造成关系的解体。"先舍后得"，也是这个道理。总体来看，世界上不会发生不平衡的事，这在某个地方、某个时刻一定是平衡的。同理，用平等心去看待所有的不平等，需要一颗广阔的心才能达成。

人心一旦失衡就会生病，无论发生什么都要努力维持平衡。心理失衡就是不信自然因果规律，没有跟随大道、活在当下。人若陷入抑郁、迷茫的生命状态，无论去到哪里，对"环境"都是污染。生命系统也是一个生态系统，一旦失去平衡，我们就应该努力地用成长的方式去综合治理！

(三)完整法则

在家族系统中,这个家族的所有成员,都有归属于这个系统的权利,有其应得的位置,必须被看见、尊重,不可替代、遗弃。此类成员包括,有血缘关系的成员和没有血缘关系却与其家族发生过重大事件的成员。前者包括子孙后代、兄弟姐妹、父母及其兄弟姐妹,爷爷、奶奶、外公、外婆及其兄弟姐妹,以及历代祖先。只要曾经存在过,哪怕是孕育中的胚胎,都有属于他(她)的"位置"。后者包括有重大冲突或财务纠纷的成员、领养的孩子等。

系统内的成员都要有自己的位置,各司其位,不可或缺。比如,一个三口之家,爸爸在爸爸的位置上,妈妈在妈妈的位置上,孩子在孩子的位置上,这个家才稳定而和谐。完整法则的影响深远,却往往被人忽略。我们常因为某个家人发生意外,例如堕胎、夭折、自杀等,而无意识地将其遗忘排除,仿佛在家里不曾存在一样。或者某人的行为不符合家族标准,例如赌博、酗酒、犯罪等,造成家人在心里不承认其位置等情况。这无论是出自故意或无心,都违背了完整法则。

这些信息会封存于家族潜意识中,被家族后人承接,其影响非常巨大和长久。承接者内心常会产生来自灵魂深处的分裂,从而导致身心疾病的发生,并会为此付出惨痛代价。再如,家族内某位长辈被排除,后代就会有人填补这个位置。这个人就无法开始自己的生命体验,活成了另外一个人。试想,如果伴侣中有一方认同家族中的长辈,哪还有机会开始自己的家庭生活。系统内每位成员都要被看见,一个都不能少。否则,后代就会有孩子来代替父母来看他该看的。这种系统动力只全面负责整体平衡,不会考虑对个体是否公平。

关系是一个有机的整体系统,系统里发生的事会从系统的成员反映出来,成员会承担系统的未竟之事,因此整体系统的事件要优先于个别成员。同时,系统成员的改变也会对整个系统产生影响。这种整体系统观可以彻底改变我们对人的看法,尤其是一些莫名的情绪和行为,以及一些重复性的家族命运。我们不再只是看到一个人表面的情绪或行为,而是开始觉察到问题背后的根源,观察到更深层的系统影响力量。

我们自身是一个整体,所处的系统也是一个整体。当系统的整体变得不完整时,就会引发某些问题。那些能够维护整体平衡有序的人,才是一个系统中真正的引领者。

上述三大法则,与古圣先贤所观察到的宇宙生命规律则不谋而合。例如《道德经》说:"人法地,地法天,天法道,道法自然"。《孟子》说:"父子有亲,君臣有义,夫妇有别,长幼有序,朋友有信"。这些法则都是儒道两家活学活用到自然、自身、人伦和社会关系的具体实践。可见这些法则是天然的，而不是人为的，三大法则的运作是自然大道的力量融入爱和关系中的真实体现。

序位、平衡、完整三大法则，与系统中的事实、流动两大特征密切相关。事实是指系统法则的具体内容，也就是说，三大法则是围绕着事物本来的样子来展开的。流动是系统法则运作的一种具体表现方式。事实和流动都是在描述和呈现系统法则的，因为法则相当于系统运作的一种规矩，是更高的层面。

系统法则符合自然规律，因而具有广阔的应用领域。由于信息存在于个体组成的系统里，因此系统排列不只研究个体心理学、系统心理学，还将荣格的"集体潜意识"学说以一种可操作、可体会的方式呈现出来，让我们了解人类深层心理如何构成和运作。系统排列是全世界少数以整体系统观来探讨人的心理状况，并针对整个系统寻找解决之道的心理学研究和应用模式。它发现，许多家族情绪及未竟之事的信息会传递到后代，影响到现在的家庭与个人身心，因此发展出探索与修复种种跨世代家族问题的方法。就此而言，系统排列作为家庭状态的检测工具，可迅速了解家庭的深层心理状态并寻求改善之道。因此，系统排列为现代心理咨询模式立下了革命性的里程碑。

一如气象卫星云图可以显示台风发生、运转的力量与走向，系统排列就像观测卫星，可以显现家族、人际、企业等所有系统里的深层关系,了解系统朝着什么方向进行、成员间如何互动、受到什么力量影响,这些力量如何牵引纠葛,症结如何打开等。运用这种方法可以知道自己疏忽了什么、要努力的方向在哪里,从而让堵塞的能量有机会再次流动起来。

因此,系统排列适用于:① 关系议题。支持我们建立更幸福的家庭生活,以及更和谐的伴侣关系、亲子关系、工作与人际关系。② 身心议题。支持我们建立更有效的情绪管理,更健康快乐的身心成长与职业规划。③ 企业与组织议题。支持企业建立更成功的经营发展,探索组织深层动力,寻找问题解决方案,协助制定重大决策与执行后的检验、人事调整与管理等。

以系统排列来寻找问题解决之道,只是其一般用途。我们将系统排列从解决问题的咨询,拓展运用到生命成长的学习,并从个案的经验中领悟到系统排列最重要的核心内涵,也就是关系法则。若能将其融入生活并活用这些法则,让我们自己的内在开始转变,将能够支持自己与更多人朝向幸福,领悟宇宙人生的意义,创造更和谐美好的社会,这才是系统排列的"大用"。系统排列是关于爱的文化,它不仅仅疗愈我们对生命、婚姻、爱的看法,疗愈一个心灵、一段关系,它也可以疗愈一个时代。

对探索生命成长者,系统排列能帮助您揭示未觉知到的盲点与制约,解决成长中无形的阻碍。最重要的是,它使人了解从这些事情中所要学习到的是什么。因为如果您没有学会，这些事情会一再重复地发生，一直到您学会为止。因此，系统动力科学的本质，在于揭示生命的自然规律，是一门支持生命成长、朝向觉醒的技术和学问。

三、系统"良知"的意义

（一）传统"良知"与系统"良知"的异同

海灵格2010年凭借"良知理论"获得诺贝尔和平奖提名。良知（conscience）是人的潜意识规则，表现为内在的意识，它直接影响我们外在的行为。比如，我们先有飞翔的想法，然后才发明和生产了飞机。这与内在创造外在、外在呈现内在，是一个道理，诚可谓"一念一世界"。

系统动力科学常讲良知，而中国人总是习惯用儒家的"良知"或良心来理解它。那么我们如何看待中华传统文化的"良知"与系统动力"良知"的异同？需要首先说明的是：中华传统文化的"良知"或良心是一种道德，系统动力"良知"是一种潜意识规则，只关乎真相，即一种自然的存在。此良知既不是道德概念，也不是神学概念，它是服从于某一群体标准所产生的感受。如果个体的各种表现符合群体标准，就会产生"归属感"。

传统意义上的良知，又似系统动力科学所说的个体良知。也就是说，个体良知是个体化的一个善恶标准，而系统动力科学背景下的良知，是整体化的善恶标准，它是关于归属感的。传统的良知，更像在中国文化背景下的良心，而系统动力科学所说的良知，是集体良知或整体良知，它是一个整体化的概念，不是个体化的概念。

传统意义上的良知受制于我们的认知、信念、人生观、价值观系统等等，比如善恶标准之类，它还是在头脑层面。而系统动力科学的良知，根本不经过头脑，完全由系统直接运作，它在深层意识里。所以从意识层级的角度来讲，传统意义上的良知在表意识层面，而系统动力科学里讲的良知，是在更深的潜意识层面，与天地之道相连接。用计算机科学的术语来比喻，传统良知属于用自家电脑进行单机计算，算力有局限而且速度相对缓慢；而系统良知属于"云计算"模式，直接由宇宙这台"超级云计算机"，按照"道"的法则进行信息处理，再反馈给我们的潜意识，算力自然无限而且更加快捷高效。

传统意义上的良知，如果我们在认知、信念、观点、看法、态度上稍微改变，其影响力就可以转化了。但是，如果想转化系统动力背景下的良知，只是头脑的认知是没有用的，它必须通过整体提升意识和能量层级的途径，达到与天地大道同频共振的层次，才能转化系统良知对我们的影响。可以说,这必须是活在连归属感都不需要,甚至于超越了恐惧的意识层级,完全脱离自我中心和头脑制约的状态下,才能带来真正的转变。简言之,在转化的过程中,传统意义上良知的影响力是容易转化的,但系统动力的良知转化则极其艰难。如果我们的意识和能量层级达不到一定高度,是没机会超越它的。所以我们所说的超越良知,其实是指超越头脑的局限性。

在系统排列领域,良知就像一个警报器,告诉我们与身边人、群体的关系状况。良知描述的是人类身上共存的、隐秘却影响巨大的一种心理状态。领悟良知的存在可以解释很多现象,并提供和解之道,例如,内心、家庭、学校、企业、社会各层面的矛盾,乃至民族、文明之间的冲突。

(二)系统动力良知的分类

系统动力科学中的良知,可分为个体良知、集体良知、整体良知。不同良知最大的差别与限制,在于它们爱的广度。

1.个体良知

个体良知涵盖范围较狭隘,借由善恶之分,只承认某些人归属于群体权利,而将其他人排除在自己所归属的群体之外。个体良知可以定义为归属于某个群体的"潜意识规则",也就是我们的想法、感受、做法是否符合某些人的要求或期待，而这些人通常是家庭、公司等我们所归属的群体。个体良知的功能，就是确保我们跟相关群体能够维持紧密的归属关系。

个体良知有两个运作法则——清白感、罪恶感；清白感是让人过得去的感受；罪恶感是让人过不去的感受，例如免费试用、品尝销售法等。关系里过于强调清白感或积累过多罪恶感，都会对关系有伤害。比如，亲密关系中一人出轨，出轨的一方内在有愧疚，积累罪恶感，不敢靠近伴侣；另一方如果过于强调清白感，不向对方做出任何追究或要求补偿，也会严重伤害双方关系。罪恶感的积累会破坏财富、破坏关系、破坏健康，甚至会伤害生命。

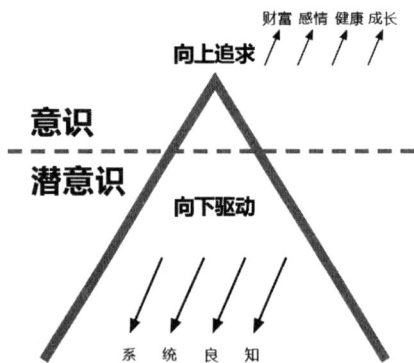

意识和潜意识冰山图①

---

① 头脑向上追求幸福，系统良知向下驱动，不经过头脑，直接运作。

　　良知最重要的两个标准，是"共"和"同"，至于具体内容则有多种体现。个体良知的求同特点不一定都带来好结果，有时候会带来人生的负累，制约我们获得幸福。在家庭系统中，良知隐藏最深的忠诚，并不是同甘共乐，而是同苦共罪。具体到一个家庭里，生长在这个家庭，家里人生活得怎么样？如果父母离婚了，自己感受如何？妈妈还在痛苦之中，我们能接受自己先幸福起来吗？如果我的兄弟姐妹生活得不幸福，我能否允许自己先幸福？如果我快乐幸福，那么良知会不会感到内疚？就像这种幸福不应该拥有一样。

　　对孩子来说，爱就是"共同"，这样才能连结在一起，而不同或差异则代表着分开或失去。他们会毫不保留地模仿父母，即便长大成人后，个体良知仍然会发生作用，让孩子跟随着父母"共苦"。这是因为若一个孩子不能跟他父母一样，就没有复制父母求存的本能，那么这样的孩子就不能独立地活下去。所以在潜意识深处就有一个动力，即我们一定要与父母保持一致。这样麻烦就来了，父母有的情绪我们会有，父母重复的家族苦难我们也会重复。例如，父母一旦离了婚，儿女也会有离异的冲动。

　　这些受苦都是在良知的求同功能基础上发展出来的，虽然这是一个过期的包袱，就像粮票、布票在几十年前是管用的，现在不是那个时代，过期作废了。在家族系统动力中却不是这样的，虽然它已不具备那个功能,但是它仍然在运作着,就像把计划经济时期的布票和粮票每天放在市场经济时期的 LV 钱包里,并一直认为它有用,其实它是没用的。

这就是我们的生命常态。宏观来看,整个人类仍然处在青春期,还有很多不圆满、不成熟和局限性。有些系统动力是推动人类进步的源泉,但有些则限制了我们的头脑。这些动力是经过几百万年产生的,并渗透在人骨子里、基因里和每个细胞的记忆里。只有通过成长和觉醒,才能让系统动力对我们的制约不再发生作用。若要想消除系统动力是不可能的,但是我们可以做到当这些不必要的动力作用于自己的时候,通过符合"道"的方式让它失去作用。

2.集体良知

集体良知所涵盖的范围较大,能兼顾被个体良知排除在外的成员的利益。但集体良知又受限于其所归属的群体之内,主要关注于群体的完整性及其应有序位的维持。集体良知以集体系统的存活为优先,因此甚至会牺牲个人利益。它常与个体良知互相冲突,不同的集体良知之间也会发生冲突。

人们较少谈到集体良知,但却深深受到集体良知的掌控,通常只有从其结果才能感知到它的存在。例如,家族的集体良知导致重复伤害模式出现;宗教或种族的集体良知,因所谓"好的良知"而带来盲目攻击与杀戮。当严重的结果发生后,人们才会感受到集体良知的影响。系统排列对人类的贡献,正是它能够帮助人们"看到"集体良知如何运作、如何影响我们。有了这样的觉察,才多了一个改变的机会,才可以减少无意识的伤害、不必要的争斗,才能够让我们在集体中更好的生活。

3.整体良知

整体良知即"道"的良知,超越了个体良知和集体良知的限制,同等对待每一个人。它对万物一视同仁,没有"善与恶""归属与排除"的区分,对所有生命都报以同样的爱和善意,无论他们的命运如何。如《道德经》所言:"道常无名,朴虽小,天下莫能臣也。侯王若能守之,万物将自宾。"整体良知确保所有人都受到这份大爱的关注,当我们偏离这份大爱,整体良知便会提醒我们。

个体良知和集体良知都是出自于"爱"。因为爱,才造成了个体良知与集体良知之间的冲突,从而也带来许多的不幸与磨难。为什么爱会带来不幸呢?因为这"爱",是盲目的爱,它只看到自己及其群体。人类唯有不断地成长,直到能将盲目之爱转化,并冲破这些限制,内心的和平才会到来。也就是说,世界上最伟大的力量是"觉悟的爱"。那么如何才能做到呢?这就需要我们唤醒自己与生俱来的"整体良知"。

整体良知也可以称为"天性""本性""觉性"或"心之本体",是指在出生之前,我们所存在的样貌,也就是在我们受个体良知和集体良知塑造之前,本然的自己所展现出来的样子。在"家族系统排列"(简称家排)中可以看到大量案例,在呈现表象时,存在大善大恶,而真相呈现时,除了爱,没有别的。善恶是表层意识的分别判断,在道的场域下,终会归于平静合一。也正如《道德经》所言:"天下皆知美之为美,斯恶已;皆知善之为善,斯不善已。"作为王阳明①心学精华的四句教是:

> 无善无恶心之体,有善有恶意之动,知善知恶是良知,为善去恶是格物。

心之本体,都是无善无恶、超越善恶的。然而,意念一动,不管是因为个人的欲望或习性,还是因为个体良知或集体良知的推动,就会产生好恶分别,陷进苦难的循环。如果我们的身心处在观照状态中,就能觉察到整体良知,也就会立刻知道自己是否与心之本体同步。借由整体良知的作用,引领我们回归天性,回归心的本体,找回安详自在,感受心灵深处那股爱的力量。个人透过这种觉知力与自己、他人、集体连接,并与更伟大的整体连接(与道合

---

① 王阳明所说"良知",等同于"本心"。本心人人都有,王阳明则告诉了我们为什么多数人不能保持和守住本心,那便是因为受到了私欲的蒙蔽。

一),连接本源的力量,不再受个体或集体的良知驱使,而超越属于某一群体的界限,以觉知的智慧行为去代替潜意识的自我牺牲。

系统良知的核心就是求存,甚至为了族群(系统)的存活可以牺牲个体(如上述的鳄鱼群)。系统中的个体有时候就像是一颗棋子,被系统动力所驱使。直到您可以跟整体良知有连接,那么个体良知、集体良知在您身上就会失去作用,这样就可以从系统动力的制约里把自己解放出来。这是一个漫长的过程,也是一项庞大的工程。它是一套技术,也是一门艺术。

4.超越良知的制约

头脑追求着幸福,但在潜意识层面我们却无条件地服从于系统的法则,这就可能造成混乱,事与愿违。良知中的罪恶感来自两个方面:一是违背了别人定的规矩,二是违背了自己定的规矩。罪恶感是为自己的过错立下一个纪念碑,然后每天指责自己。从罪恶感中释放自己,这是世界上最伟大的慈善。我们对自己、对他人,最大的慈善就是宽恕,这是一个强而有力的转化。

超越良知的制约是指,我们对生命本身的认知,完全到达了那些所谓的罪恶感已无法企及的高度。头脑此时已无法再利用清白与罪恶来操纵我们的心灵。这不是一个普通的醒悟与超越,而是从头脑的制约中解脱的结果。我们开始停止所有沉重的自我批判,并与"道"保持和谐与共振。

超越良知相当于破除我执。破除我执的意义在于:极大地提升自由度,回归智慧。良知是僵化的,只适应于特定的时空。如果我执完全破除,就相当于人从千年睡梦中醒来。但在现实里,需要应对良知的各种方便路径,因为良知在相当广阔的时空里是生存的必要条件。

良知需要超越,回归于道是最好的选择,但良知本身有强大的能量,如果没有相当的觉知力,挑战良知会付出惨痛代价。海灵格说:"如果他到别人家做客, 就会第一时间学会那家人的良知,以保证不会被扫地出门。"如果我们造访一个团体或国家,必然需要适应对方的良知而不是反客为主。

人类的行为模式受个体良知、集体良知的影响至深,如果我们超越个体和集体良知,从自然宇宙的大系统背景下,让自身与道同行,就能与"整体良知"互联互通,在关系上拥有全然无限的大爱,消弭个体良知与集体良知的冲突,全然地用好完整法则、平衡法则、序位法则。

若违背了系统动力的基本法则, 就会引发一系列的状况,这种状况也可以用"黑洞"来形容。"系统黑洞"是系统排列要解决的核心问题,它造成系统不完整,导致功能的失衡和失序。例如,家族中的任何重大不幸事件(非正常死亡等),就像"黑洞"一样,是会吸取能量的。当事人若不能圆满处理好"黑洞",系统动力就会从后代中抓取相应的能量,填补造成序位功能紊乱的坑洞。这又会对后代造成新的坑洞,故而系统会长期重复这种填补过程,形成恶性循环。在家族中有人被排除,就形成了一股力量,这对家族中某些后代的孩子会形成一个牵引,他就会认同或去替代、补充。

例如,夫妻关系出了状况,孩子妈妈的注意力在原生家庭,在自己父母那里有一个特别强烈的牵扯,注意力就没法放到丈夫身上,丈夫就会有一种孤独感。对于孩子而言,若是父母之间关系无法亲密,妈妈的注意力不在家里,爸爸比较孤独,女儿就会来到母亲的位置,替代妈妈来补偿母亲对于父亲的照顾,陪在父亲身边。这样的女儿不容易出嫁,甚至30岁左右了,还是守在父母身边。经常有一些父亲来问"孩子到底守着谁呢?"通常的答复是"守着您",因为妈妈不在应有位置,然后替代这个位置的系统动力对于女儿来讲,也会像是个黑洞。

有些夫妻之间冲突很多,没有办法亲密,是因为他们曾经有过堕胎的孩子。由于堕胎的孩子牵扯着两个人内在的关注,并形成双方的愧疚感,造成彼此回避,不看对方,还可能会找一些替代。比如,看到朋友家有个孩子,夫妻就给他(她)很多的关注,或者在家里养宠物。也就是说,因为那个没能活下来的孩子没有被完整地哀悼和看见,然后夫妻双方会有一些动力针对这个部分,从而会形成一种强而有力的制约或吸引,它也像黑洞一样。

家族系统动力里有特别多类似这样的情况,比如,爷爷由于某种原因犯罪入狱,或者因为赌博欠了很多钱,或是犯了一些伦理道德法律所不被允许的,那么这个人就成为家族中的耻辱。然后所有家人都回避去谈论这个人,就好像大家在情感上、在关系里,把这个老人给排除了。这种排除会造成后代的某一个孩子非常强烈地去关注这个位置,孩子会活成这个家族的男性长辈的样子,替代他,甚至重复他的命运。对于这个孩子而言,那个被排除的长辈也就像是黑洞一样。

又如,一个男孩曾有兄弟没活下来,结果妈妈的注意力放在那个没活的孩子身上,然后他就想吸引妈妈把注意力放到他身上。他吸引妈妈关注的方式通常是:小时候会把自己搞成一个问题少年,长大以后,在婚姻、事业上让母亲很不省心,不断地吸引关注。这种状况会直接带进他的伴侣关系,结婚后他会在太太身上再一次地要在母亲那里未被满足的爱的需求。这会吸引来特别高位的那种女人,即想把男人当孩子一样对待,导致明明是伴侣关系,却像是母子关系。他们吸引这样的能量,但这又让女人最后承担不起,还会造成各种各样的冲突,男人会有外遇之类的事件发生。

再如,一个女孩从小对父亲就失望,她长大以后对丈夫就会失望。无论她找一个怎样的丈夫,总是会在丈夫身上重复当年对父亲失望的那个感受。所以再好的婚姻在这种情况下，最终都会让男人很失望地离开。离开不一定是离婚，像再找女友或婚外情，是非常容易发生的。而这个女人对男人的排斥，其实最早来自于她对父亲的不接受、排斥、反感，然后就在丈夫身上又轮回重复。所以有这些强烈的系统动力，就像黑洞的引力一样，让人难以从中摆脱。

以上现象在系统排列现场，我们可以清晰地看到这种动力的运作方式。这种现象在各级系统中普遍存在，如团体、企业、民族等……汉代道家经典《太平经》对之有详细论述，其"承负"说认为，可以"前承五代，后负五代"，往往需要十代人才能了结。

由于系统动力中"集体良知"（共业）和"个体良知"（个业）的共同运作，生活中掉在"坑洞"里的人们常身不由己，难以自拔。如果不接受，或不疏通、化解纠结的能量，以恢复系统的平衡，就无法从"黑洞"的引力中解脱出来。

以道观之，系统是变化日新的，有缺陷的旧系统在新陈代谢中，可以创造出新系统。家族的"黑洞"是一种警钟般的鞭策和提醒。当我们能通过成长、觉悟，提升自身意识层级，并连接更大系统的能量，我们就像管道一样，把宇宙能量注入到家族"黑洞"中来。当把"黑洞"所需的能量填满，系统就恢复了完整和平衡，我们和后辈也就实现了自由与幸福。

因此，成长是用一生的时间来突破原生家庭带给自己的制约。成长不是去哪里，而是一个回归的过程。成长的第一件事情是自己把成长这件事扛起来，扛起您的苦难，扛起您的命运，扛起您的责任……扛起您该扛的，否则您就是家族的"黑洞"，只会消耗，不能给予。在所有的关系里，无论期待得到什么，首先需要自己去创造。走在成长与成熟的路上，就是开始充满理性地运行自己的生命。在所有的行为上，承担起自己的责任。在所有的关系里，认领回自己的所有责任。在不断地修正行为的过程里，停止情绪化的、跟随习性的思维方式与生活方式。

四、什么是系统思维

（一）系统思维：最高效的思维

2016 年，中国科技部、中宣部发布《中国公民科学素质基准》提出："了解中华优秀传统文化对认识自然和社会、发展科学和技术具有重要作用"，"知道用系统的方法分析问题、解决问题"，"知道阴阳五行、天人合一、格物致知等中国传统哲学思想观念，是中国古代朴素的唯物论和整体系统的方法论，并具有现实意义"。党的十九届五中全会把"坚持系统观念"作为"十四五"时期我国经济社会发展必须遵循的原则，指明了提高社会主义现代化事业组织管理水平的方向。这是党中央总揽全局作出的战略部署、提出的明确要求,意义十分重大。

系统观念是马克思主义基本原理的重要内容,强调系统是由相互作用、相互依赖的若干组成部分结合而成的、具有特定功能的有机体;要从事物的总体与全局上、从要素的联系与结合上研究事物的运动与发展,找出规律、建立秩序,实现整个系统的优化;用开放的复杂系统的观点、用从定性到定量的综合集成方法研究经济社会问题。我国的"两弹一星"、北斗导航系统、"神舟"系列飞船等工程,就是运用系统思维、方法的成功案例。实践表明,系统思维是组织管理重大事业不可或缺的方式方法。[①]

运用系统思维方式综合地考察和处理问题,是现代大经济、大科学发展时代的客观要求。现代科学的发展要求人们不断揭示不同物质运动形式内在的共同属性与规律,这就要求人们必须采用系统思维的综合方法。可见,系统思维以系统科学为基础,作为一种普遍的方法论,是人类迄今最高级的思维模式,也是我们值得花时间去掌握的。在掌握系统思维后,我们可以更清晰地看到问题的本质,更有效率地解决各种关系难题。

系统思维就是运用系统观念,从整体上把对象之间互相联系

---

① 詹成付:《深入理解"坚持系统观念"》,《人民日报》2020 年 11 月 12 日第 9 版。

的各个方面及其结构和功能进行系统认识的一种思维方法,这也可以称为整体观、全局观。它是处理事物尤其是复杂事物各要素之间关系,以达成目标的一套整体性根本解决方案。只有拥有系统思维,才具备洞见本质的能力,这也是成败的关键。系统论运用完整性、集中性、等级结构等概念,研究适用于一切综合系统或子系统的模式、原则和规律。系统强调整体与局部、局部与局部、整体与外部环境之间的有机联系,具有整体性、动态性和目的性等基本特征。

(二)整体观:系统思维的核心

系统思维方式主要以整体性、结构性、立体性、动态性、综合性等特点见长,它能极大地简化人们对事物的认知,给我们带来整体观。整体性原则是系统思维方式的核心。这要求人们无论干什么事都要立足整体,从整体与部分、整体与环境的相互作用过程来认识和把握整体。领导者思考和处理问题的时候,必须从整体出发,把着眼点放在全局上,注重整体效益和整体结果。因为只要合于整体、全局的利益,就可以充分利用灵活的方法来处置。对于执行者而言,具备整体思维也能更好地定位自身,更好地理解上级决策,从而提高执行效率。系统思维要求我们把事物当作一个整体或系统来考察,这是符合马克思主义关于物质世界普遍联系原理的实用性观点。

系统思维方式的整体性是由客观事物的整体性所决定,整体性是系统思维方式的基本特征, 它存在于系统思维运动的始终, 也体现在系统思维的成果之中。坚持系统思维方式的整体性,首先必须把研究对象作为系统来认识,即始终把研究对象放在系统之中加以考察和把握。这里包括两个方面的含义:一是在思维中必须明确任何一个研究对象都是由若干要素构成的系统;二是在思维过程中必须把每一个具体的事物或系统放在更大的系统之内来考察。

整体法是在分析和处理问题的过程中, 始终从整体来考虑,把整体放在第一位, 而不是让任何部分的东西凌驾于整体之上。整体法要求把思考问题的方向对准全局和整体、从全局和整体出发。如果在应该运用整体思维进行思考的时候,不用整体思维法,那么无论在宏观还是微观方面,都会受到损害。

系统思维简单来说, 就是对事情进行全面思考,不只就事论事,而是把目标管理、过程优化、未来影响等系列问题,作为一个整体进行系统考量。真正掌握系统思维后,您可以轻松地看到问题的本质,更有效率地完成手上的工作,也更容易思考清楚。比如,考研还是工作、怎么跟公司提加薪、伴侣关系、子女教育等看似棘手的问题。①

(三)系统思维的应用

系统动力科学在现实生活里的应用意义,最核心、最重要的就是建立系统性思考的习惯,也就是无论看什么,都用整体观来看待。就像国际经济一体化、全球一体化等等,也是这个意思。在智慧人生中,系统思维和整体观的建立十分关键。

例如,中医治疗一个人的疾病,要从系统的、整体的角度分析他的生活习惯、心理习惯、情绪习惯、家族遗传史等方面,从而把握其整个身体的实际情况。又如,在婚姻中,夫妻之间的性格匹配,只是一个方面,还要考虑双方家庭的参与状况、双方家庭的系统动力、双方曾经的情感历史(是否离过婚、与前任伴侣的关系是否真正结束、原先恋情是否有圆满的结束)、双方整个原生家庭的婚姻观念、双方父母情感的状况等。这就是要看到两个人组织成一个家庭,他们的婚姻表面看起来是个体化的,只属于两个人所组成的家庭,但实际上是与男女双方各自的家庭,甚至是家族都有关系。

在财富方面,哪怕是处理一个人跟钱的关系,也要从整体的

---

① 系统思维及相关应用,可参阅王世民:《思维力:高效的系统思维》,北京:电子工业出版社 2017 年版。

角度、系统的角度去看待。人有没有钱，不仅仅是勤劳致富的问题，也涉及整个家族背景里的潜在影响。如，这个家族对于财富的态度，当事人父母对于财富的态度，当事人对于金钱的童年体验和感受等等。每个人的婚姻、财富、健康等任何问题，都要在一个整体化的角度去考量。如果一个人能建立起整体系统性的思维习惯，他会把一件事情放到更大的背景中，唯此才能得到完整的信息，从而做出合理的判断。我们思考问题的角度就不至于偏颇，不至于走向极端。窥一斑而见全豹，观滴水可知沧海。看到一个点，就可以见微知著、一叶知秋，从而揣摩、推测出整体是什么，这是一种思维习惯的建立过程。

从这个角度切入生活，系统性的文化建构才具有现实意义。我们谈系统观，重点不在学术性内容，而是与生命、人生、关系和生活紧密相关。这种系统观是真正能够给我们带来启发、支持与帮助的，具有现实意义的。比如，新闻常说到美国、欧洲的种族问题。这些问题也是系统性的，也许没有曾经的代价，就没有今天所有这些国际都市的文明、繁荣等等。因此，看待一个历史性的问题，或现代社会出现的问题，包括我们的身体问题、关系问题，乃至一切问题，我们都要把这个问题放到一个更大的背景里去看待。

更大的背景一旦参与进来，随着看问题的角度的转变，这件事情的性质就变了。此时我们得到的感受和体验，就是不一样的。

否则,人们看待一件事情就会非常偏激,形成以偏概全的认知。我们的认知是不完整的,有时是公正的,有时是带有极端的个体意识的考量。就像如何看待个体的健康,这也是一个系统性的问题,涉及饮食、起居习惯、家庭背景等因素。

系统性的角度,不仅仅可以使我们对一件事情看法发生转化,还有利于我们全面性地了解事情,更加接近客观实相,能带来身心内在的平静与和平。现代人的思考往往以偏概全,看到什么就评论什么,根本不看这件事情的前因后果,也就是没有养成系统性思维的习惯。这会让生命直接陷入苦难,陷入与实相之间的冲突,陷入与不同观点之人的冲突。

例如,在智慧人生文化里,我们谈到觉醒、开悟、解脱,不只是在空性或无我里讲,而是把它当成一个大的系统。从习性到心性、到头脑运作、到情绪、到念头,都是一个整体的结构。这种结构就是从系统的角度,看待一个自古以来被人们津津乐道的话题——开悟。但是当我们从系统的角度,通过整体性的思考来看待个体生命的开悟时,就会在多个角度、多个层面上来探索,到底是什么阻碍了我们的解脱、自由、觉醒、开悟。我们会在一个大的系统背景下,来探索这件事情,而不是局限在某一个点去孤立地深挖。那样的探索是没有结果的,如果没有横向和纵向的观察,没有更广泛地对生命全方位的了解,只跟一个人谈开悟,这极其不现实,到最后会跑偏的。

对于一个人是对的方式，对另一个人来说，有可能就是错的方式。当您发现生命无穷的多样性，是那么的丰富！您就会发展出无穷的接受性，从而做到心平气和！当我们看尽了多少红尘中，众生的事相、人相、心相、世相和人性故事，从中我们学会理解、接受。有谁不是在自己的路上，走得跌跌撞撞。在这个世上，有谁是容易的呢？正所谓"了解创造慈悲"！

智慧人生提倡系统性地看待问题和思考，即看待任何事情，都从整体观去看。这是中医的视角，也是中国传统文化的君子视角，更是修行圆满、德行圆满之人的视角，亦即圣人的视角、全维度的视角，西方人称之为上帝的视角。在这样的视野里，我们看待问题是全方位、多角度的，更接近客观事实和事物本质。这会让人们直接获得智慧，不会陷入局限性认知而迷茫。

智慧人生的文化立足点不是纯理论的学术角度，而是完全从生活化的角度、关系的角度、成长的角度、生命科学的角度，力求通俗易懂，注重现实价值和意义。要想学好智慧人生文化，就要运用系统思维，突破以自我为中心的个体局限性，用广阔的视野和心胸处理好方方面面的关系。

在关系里，我们常常体验到生活的不易。人们在一起生活、工作，很难有一个长期、稳定的和谐。我们无法连接、无法信任，越来越多的人深陷孤独感,这与"自我中心"的生命状态有关。生命全部被物欲蒙蔽时,会迷失生命本然的面向,如同心灵的雾霾,就算身在闹市,心里仍会住满寂寞,与世界就会隔出一道道墙。然后活在对现实的各种想象中,无法连接爱与阳光。现代人孤独,是因为没有与整体连接,心里只有自己。在自我的世界里,我们和更大的整体是无法同频的!

当以自我为中心时,就与一切失去连接!当以实相为中心时,就与一切事物连接!为此,第一步是向后退,给所有力量腾出空间。越能与整体连接时,越能做出正确的决定和选择。系统是关于更大的整体,不要让自我充满全部的空间,要让自己后退一点点,允许自己有一点点被动。凡事都想掌控的都是孩子,因为他们不知道那些力量的存在,而您是知道的。经常去感悟一下万事万物与人的关系,一件事情的成败背后,都有千千万万股力量,永远不要忽略了有更大的力量作用于眼前这件事。

所有的抱怨,都是因为缺少完整的看见。直到某些看见真地发生了,抱怨就停止了!与其抱怨什么,真不如看看自己缺少什么!当您在自我中心时,就远离了自性,像不能上网的电脑。

系统思维是脱离自我中心的好方法,它把事物放在更大的时空背景中,整体的观照,看见其前因后果,也就是全息的视野。在"不合理"的情况下,在更大的背景下看到"合理",当背景参与进来内容就变了。任何事发生的因果和背景,都是值得人崇敬的。我们用飞鸟俯瞰的视野,让红尘愁苦,渺若尘埃! 痛也是味道,苦也是逍遥! 只有拥有了系统思维,才有洞见实相的能力,这也是离苦得乐的关键。诚所谓:"以苦为师,致成佛道。吾人当以病为药,速求出离。"①

《道德经》讲:"见素抱朴,少私寡欲。""抱朴"与"抱一"同义,皆指用系统整体观来消融"盲人摸象"的视角分歧,促成系统的整体和谐关系。"朴"是大道的质朴、本真、自然的状态,"抱朴"追求返璞归真,从源头、整体上系统地把握道之全体。抱持此"朴",可优化系统,降低杂乱无序的倾向,引导系统回复到充满生机的本初状态。

这种系统化的"抱朴"观在中国源远流长,它并非让人像避世隐士那样脱离社会以求独善其身,而是和光同尘,与时偕行,寻求个人定位与社会秩序的和谐一致,并在建功立业中,获得身心解脱,圆满生命意义。这启示我们:涵养素朴,守好初心,善利万物而不争,可以构建高效率、低内耗的团队,推动系统朝着整体进步的方向提升。在此过程中,个体就像一滴水,只有出离自我中心,融入时代潮流,才能永不干涸。人生只有在其所从属系统的关系中,

---

① 《复邓伯诚书一》,《印光大师文钞菁华录》,北京:线装书局 2014 年版。

找到自己合适的位置,才能充分发挥天赋,创造价值,完成使命,实现生命的意义。

(四)发扬传统的系统思维智慧

美国科学家卡普拉运用中国传统系统观分析当代社会文化,指出了"专家失效"问题:我们这个时代的显著症候是,在各领域被视为专家的人,不再能解决本专业中的紧迫问题。经济学家面对通货膨胀和失业,肿瘤学家面对癌症的成因,精神病学家面对精神分裂,警察面对犯罪率上升,全都感到困惑和束手无策。以上属于系统性的问题,只能在整体系统的综合治理中逐步解决。

从系统观的视角更容易找到解决问题的途径,如生命系统是一个紧密联系、充满已知和未知相互作用的复杂巨系统。采取任何一种治疗措施,都要充分考虑到对生命系统其他部位的已知和未知影响。医生如果思维简单,只用还原论而不是系统论的头脑来认识处理疾病,就很容易忽略这些问题,给患者的生命带来巨大风险。过去不少医生不分由头,随意对某些病变器官或组织进行手术切除,就是陷入这种思维的困境,也许短期有所成效,但从长远看无异于主动破坏系统整体。

海灵格曾说:"所有的疾病都是上天派来的信使,来提醒我们什么。"这是说,疾病就是身体的信号灯,犹如汽车的仪表板警示灯,当某个部位出现故障无法运转时,警示灯就会亮起。如果我们只是把灯泡拿掉,灯不会再亮了,但是这意味着更大的危机在后面,如果继续开这辆车,就会出事故。我们必须找到是什么故障引起了报警灯亮。换句话说,灯亮的作用,只是一种提醒,指示我们找出真正的问题所在。同理,病症也是如此。对此,我们更需要的是"看见",使用系统思维去了解这种症状提醒我们的是什么?

　　疾病是礼物,提醒我们有些情况该去看了,该放下了。人生病了,往往不是关注身体,而是关注疾病。再深入看,是只关注疾病,这是因为病妨碍了自己的需求和欲望。一旦康复,人们就不会关注疾病,更不会关注健康,所以疾病会重复出现。相比较而言,人们更关注欲望,这是我们身心关系的现状。疾病是信使,信未送达,它会反复来敲门。直到您看到,不再抱怨,您愿意承担起来。当您抱怨,表明您的问题还没达到可以解决的程度。方治的是身,法治的是心,方治的是病,法治的是人。人走对道,"方法"才有效,病治于法,而止于戒!有所不为,才能有所为。一个没有敬畏心的人,是无药可救的。核心还是关于您是个怎样的人!

　　中医思维方法的一大特色就是整体系统观。中医也被称为"仁术",因其能够保障系统的完整性,亦即落实"万物一体"的仁道。中医是对生命的导正,若是生病了,就是生命的保护系统在提示此路不通。因此,一定要反思生活方式和思想观念,是在系统中哪里离序失位、失衡了？完整性缺失了什么？

在系统观下，我们不要把"病"当成自己的敌人，"病"其实是人体的一种自我保护机制。我们不妨将人体看成一个巨大的生态系统，当这个系统的平衡因某种内在的或外在的原因被打破时，系统就会通过生病的方式来试图恢复平衡，以保证人体最重要的主导者——心神的正常运作。否则，人体系统将会面临崩溃的命运。中医依据整体决定局部的自然规律，不管什么病，都是用同一种方法，即调节整体的平衡，只要整体的机制恢复了，病变细胞就会在整体力量的控制下改邪归正。因此，再可怕的瘟疫，中医不仅可以通过发病时间找到病因，而且还可以根据病症找到有效治疗方法。

中草药是以药性之偏，纠人体之偏，主要基于药物四气五味、温凉寒热、酸苦甘辛咸、升降沉浮，来调整人体的不平衡，而不仅依靠化学成分。《黄帝内经》云："阴平阳秘，精神乃治。"也就是说，脏腑之间的阴阳五行关系的动态平衡，乃是健康的保证。这种平衡被打破，人体的自我平衡机制于是启动，表现为"病"。所谓"病"好了，即是这种平衡恢复了。治病的原理在此，保持身心健康的原理亦在此。

注重系统整体观念是中华文化的鲜明特点。例如，我国古代兵家善于营造"阵型"，根据实际情况灵活配置兵力，利用一加一大于二的整合力量来增强御敌机制。围棋模拟双方交战集团,以全局眼光的排兵布阵,形成彼此"系统合力"的较量。系统整体观在现代化建设中备受重视。我国倡导"共建人与自然生命共同体",提出"系统治理"的措施,并将其纳入生态文明建设整体布局,这体现了推动构建人类命运共同体和实现全球可持续发展的大国责任担当。这种系统整体观对生态保护和全球合作治理,增进世界和谐、人类福祉,都有深远意义。

第三章

系统思维观照下的智慧人生

　　系统思维作为一种普遍的方法论,是迄今为止人类所掌握的最为高级、高维、多维的思维方式,也是最系统化的"大成智慧"(钱学森语)。在中国传统智慧中,《周易》体现出典型而鲜明的系统思维。易学里太极、八卦与阴阳五行、四时八方相配的系统结构,为人们勾画出万物相互依存、相互作用、交渗互涵的宇宙整体模式。《周易》的系统整体观对国民心灵产生了深远影响,并逐步积淀和强化为一种思维模式。它促使人们从整合性原则出发,把纷杂的各要素构建成统一的整体系统。在这种系统思维的启发下,中国古人很早就有了"天人合一""道法自然"的智慧,从宇宙间万事万物的普遍联系中,寻找和谐共生的路径和方法。

　　《道德经》也是应用系统思维的人生智慧典范,它追求天地人三大系统在遵循自然法则上的统一,为人类智慧与天地精神相往来提供了"法道""法自然"的切实途径。海灵格对《道德经》非常推崇,他在其著作《在爱中升华》中文版序言中,阐述了系统动力科学与老子理论体系的亲缘关系:"像是重新发现中国古老的智慧一样,许多华人惊奇地见证了系统排列的洞见所带来的惊人结果,而这些洞见所遵循的路径与古代老子《道德经》所描述的'道'竟是一样的,因此华人对系统排列有一种特别的熟悉感,就好像回到自己的家一样。"实际上,《道德经》与系统科学都是通过系统思维而发现了自然和社会运行的法则,成为高维智慧的体现。要走好智慧人生路,我们就要向先哲学习,用好系统思维,开增人生智慧,获得幸福人生。

一、什么是智慧

智慧指超越世俗认识,把握实相、真理的能力。智慧一词最早出自《道德经》第 18 章:"大道废,有仁义;智慧出(黜),有大伪。"这是说,大道被废弃,就需要提倡仁义以挽救颓风;智慧被排斥,才造成虚伪狡诈的横行。《墨子·尚贤》亦言:"使不智慧者治国家也,国家之乱,既可得而知已。"有智慧的人被称为智者,或哲人。在英语中,"Philosophy"(哲学)本义即爱智慧。在梵语中,"般若"即智慧之学。

智慧在狭义上,指人基于生理和心理的一种综合性、创造性思维能力,包含感知、知识、记忆、理解、联想、逻辑、判断、升华等所有能力。智慧让人可以深刻地理解人、事、物、社会、宇宙及其发展趋势,拥有思考分析、探求真理的能力,使我们作出走向成功的决策。

智慧是由知识系统、智力系统、非智力系统、方法技能系统、思想观念系统、审美评价系统等多个子系统构成的复杂体系所蕴育出的综合能力,包括遗传智慧与获得智慧、生理机能与心理机能、直观与思维、意向与认识、情感与理性、显意识与潜意识等众多要素。智慧与智力不同,智慧是生命的综合终极功能,与"形而上之道"有异曲同工之处;智力则为"形而下之器",是生存的技能和经验。

智是观察和思考的能力,慧是抉择与判断的能力,有智则可观万象,有慧方可析是非。但是我们经常混淆了智慧与知识、道理的界限,虽懂了很多,但生活还是如常。其实,在知道与做到之间,只是差了一个"看见"的距离。在日常生活中,智慧体现为脱离自我中心的系统思维方法和善于处理关系、解决问题的能力。

在不同的领域里,人们对智慧的认知和理解存在很大的不同。比如,在商业领域,主要关注物质财富方面,更多的是从生存层级里来谈智慧,以获得财富的能力作为判断智慧与否的标准。具体来说,商业智慧就是有能力在现有条件下创造足够丰盛的物质和金钱,这是在商界的共识。可是在医学领域,对智慧的理解又不一样,医者更关注如何用最圆满的技术结合药物去治疗患者,或者通过支持使其恢复成一个健康的人,具备这样的能力在医学界才会被人们尊崇为智慧。这类智慧多属于具体的"术"的层面,对作为整体的"道"的层面所涉不多,因此使人有"隔行如隔山"之感,其实智慧在大道层面都是相通的。

哈佛心理学家豪尔·葛德纳以15年心血潜心研究人类智能的结构,著成《心理结构》一书,提出"多种智慧"理论。他认为,智慧可以分为七大类,分别是:第一,语文的智慧。作家、诗人、律师、记者便是属于具备这一类智慧的人。第二,数理逻辑智慧。科学家、会计和程序员属于这一类型。第三,感觉空间的能力。画家、摄影师、机械师、建筑师属于这一类型。第四,音乐的智慧。具有这种智慧的人,对节奏、旋律有异常敏锐的感觉力。巴赫、贝多芬、阿炳都具有这样的智慧。第五,身体动作的智慧。舞蹈演员、魔术师、运动员、外科医生等,都具有这类智慧。第六,人际交往的智慧。具有这种智慧的人能善察人意并与人融洽相处。第七,认识自我的智慧。这类人特别善于进入自己的感觉,分析自己各式各样不同的心理状态,并能运用这种自我了解来引导自己的人生更臻胜境。正常人或多或少都具有这七种智慧,但是同时在七种智慧上都能充分发展的人是相当少见的。

在传统的修行领域里，人们对智慧的理解领悟、认知看法和价值取向，与世俗是大相径庭的。如在禅学里，注重的是否有能力认出实相，并且活在实相里，即一个人了悟之后，活在清明的内心世界，具有那种不执迷的自在境界，才会被称作拥有大智慧的人。这意味着我们在成长中，不要片面地将自己的认识当作真理而固执己见，要获得圆融超脱的根本智慧。

我们现阶段，对智慧的理解更倾向于认知和创造这两个面向。智慧是一种能力和素质，是一个人认知和创造的能力。我们没有办法给智慧下一个具体的定义，因为不同范围、不同层次、不同需要的人，对智慧的理解差异极大。这一定跟我们头脑的运作方式有关，也同我们对这个世界的认知深度有关。因此，对生命理解深度不同的人，他们对智慧的理解是非常不一样的。

在一个内在成长和生命探索的领域中，我们理解智慧是什么，不是制定一个标准答案，或我们认为更正确的一个智慧概念，这种定性没有太大意义。本书的重点不是去定义智慧，而是从实证的角度谈我们的理解，或者我们是怎么应用它的。在这种意义上，我们认为：智慧是对自身生命和外在世界的认知能力，并表现为在现实生活中的创造力。

在成长修行的领域里，一方面我们也要谈创造物质，但更主要的方面是创造出一种觉醒的意识状态。修行的过程本身就是创造的过程,这种创造是指在回归自性的道路上,我们要克服种种困难,这是需要创造力的。

二、智慧人生的样子

当您看到这一节的时候,心中一定有一个疑问:智慧的人生究竟是个什么样子? 普通人的生活每天所经历的,是在喧嚣的社会中生存,在复杂的关系中受苦。家里家外,是两个战场:在外面勾心斗角地打拼,回到家还有一地的鸡毛蒜皮。心里心外,又是两个战场:一颗心对外要面对世情冷暖,对自己还要吞下宿命凉薄,在要坚硬的时候扛得住钎凿斧剁,在要机警的时候甩得开财色诱惑。更要命的是心里的冲突和抗争,无异于自己和自己打架,在头脑里打得混乱不堪,在身体里打得饱受摧残。身心疲惫,真已是这些普通人生的鲜明特征!

而智慧人生,是更高版本的生命形态! 智慧的视角把人生看得透彻,智慧的决策让人活出幸福。智慧不脱离生活,反而更深地连接每一个瞬间;智慧是不重蹈覆辙,让每一次经验都成为最好的体验;智慧是不偏不倚、不急不躁,脚步总是踩在刚刚好的节奏,踩在刚刚好的落点;智慧像一道温泉,让自己舒舒服服,也让关系范围内的人温润妥帖。

如何让更高的智慧作用于我们？简单来说，成就智慧人生，至少包含四个方面：

(一)注意力的自由

社会的发展让我们身边多了很多干扰性的信息，一部手机就把生活割成了碎片。我们有多久没能专心地读一本书了？我们能不能心无旁骛地陪孩子玩一个小时？专注力是将注意力给到某个事物并持续保持，可以说注意力持续放在哪里，成功就在哪里。

注意力的自由，就是当您想专注于什么的时候，可以三天三夜不分心；您可以有觉察地关照到身边的人和事，更能关照自己的内心，不会因顾着一点而无视其他；您可以在诱人成瘾的科技和娱乐中自由出入，不贪恋一时的快感而罔顾后果；您的注意力可以给得出去，加强关系中的连接，也可以收敛回来，修养自己的身心。

注意力是自由流动的，不要过而未去，应无所住而生其心。这需要超越头脑的制约才能够做到。保持我们的专注与热情，在智性选择的层面与视角，近距离地、如实地观察自己的内置系统，可以更深地看见意识进化的轨迹和认知系统的局限。

(二)不犯同样的错误

人不会不犯错误,但智慧的人不会犯同样的错误。错误是一个提醒,提醒我们看向自己的内在!当错误发生后,如果把错误归为宿命,叫作怨天;把错误归到外面,叫作尤人。内在不加反省的话,下次遇到同类的问题,还是会惯性地做错。

智慧的人生没有抱怨,只会感恩每一次提醒。从被提醒的角度,深入看向自己内在的制约。真正地看见了,制约也就不起作用了!这也是永断轮回的根本所在,其最核心的方法是:看见,亦即觉察、觉知、观照、醒悟。

(三)所有关系的和谐圆满

智慧的人生只在关系中滋养,不在关系中消耗。想要圆满生活中所有的关系,就要看见关系的本质,即"连接"与"爱"。有关系,无连接,是很普遍的状况。这时候,人们往往更在乎关系里的所得,把别人当工具,只为了满足自己的需求。以自我为中心,就会在一切关系中失去连接。这是因为只有单向的利用和索取,缺少爱的能量上的互联互通。智慧的人会感恩关系中的每一个人,付出深度的爱与信任,让彼此心灵的支持与陪伴成为最深层次的连接。

没有爱,只有需求,是关系中的一大障碍。利用关系来满足自己的匮乏,看着对方却更关注自己的需求,这样的关系很难不出问题。真正的爱是看向对方的需求、感受和渴望。智慧人生就是了解爱、懂得爱,并且给出真正的爱,让关系网络中的爱畅快流动!

(四)完整的认知

我们活在"同一个"但却完全不同的世界里,实相(真相、真理)没有差异,而人们的认知千差万别。最可悲的是,基本上每个人都认为自己的是标准答案,执着并守护。当在一个点上固着,而无法移动时,就是固执,那一刻我们远离了实相与自由!多数时候,我们以自我为中心,只看到想看的,只相信愿意相信的,使得自身认知中充满评判、解释、区别、对立。认知上的偏颇与失误,都是很危险的,往往隐藏着巨大的破坏力!人最宝贵的品质是"自我质疑",即重新思考自己的思考,审视自己的程序、决策、言行……看见、认出或觉知,这让我们有机会从无明到觉醒,从局限到无限,从制约到自由!

完整的认知就是实相的认知,即如实如是,是什么就是什么。智慧是有能力站在一个更高的视野,在所有支离破碎的体验中,看到一个圆满的完整性,永远活在实相中!唯有完整的看见,才能超越对一切的不满,接受当下所有的发生,活出最美好的生命状态！只要我们真诚地看到，我们生命中得到的一切都源于别人的帮助，巨大的转化就会发生！

我们所说的看见所能到达的深度，是普通的头脑性视觉所无法到达的。那是对所有实相的了然与洞见，是对万般缘份背后的天机的知晓与敬畏，是对所有神圣生命法则的理解与臣服，是对万事万物背后的力量与源头深刻的认知和体证，是所有感官本身恢复全部的敏感与中正。这是人对生命的认知在超越了头脑的限制之后，才能到达的境界！

未知是神秘的核心，所有的神秘都有一扇门。看见是智慧的核心，所有的智慧都有一扇窗。看见未知的是探索，看见已知的是体证。我们通过一次次的看见，通过训练这个头脑看世界的方式，最终带来头脑的终极转化。没有转化过的自我，永远也无法超越习性的制约！

藉由练习看见，我们开始洞察内在的起心动念，看见业力运作的模式，看见我们的独特，看见万事万物彼此的关联性，看见我们和一切缺少连接，看见我们是多么的以自我为中心，看见受苦正在唤醒我们的智慧，看见我们缺少感恩，看见我们的恐惧远远多过爱，看见我们在生活里戒备多过友善，看见我们真地很少去"看见"！

当我们看到了生命中不友善的实相，其实这并不是全部的实相,只是实相的一部分。所有的实相,永远都比头脑中想象的更友善慈悲。我们的接受性,只能来自对现象与本质背后,关于因果的系统性的看见!

修行的路就是自我探索的路,每一个行为习惯背后,都是制约我们的程序,是深深的纠缠与执着。在那里,我们失去智慧与自由,而看见本身就是一次醒觉。当这样的看见多了,意识自然就在提升,这种看见是我们唯一的工具!当我们都在谈论并反观自己的时候,这是在成长。当我们着迷于谈论他人以及外在时,都只是评判。除了暴露自我中心,没太多其他意义!向内出发、超越自我、感恩回馈,才是对的方向!

当我们的认知系统在自我的统治下,以单一角度看事物时,受苦是在所难免的。成长就是在同一件事物上,可以从更广阔的角度去看见。所有的习性还在,但是我们从习性的制约中解脱了。我们看世界的方式和体验世界的方式在改变,我们可以自由选择如何去看见!那个看见,不再是习惯性的看见,而是一个选择和决定。这是关于"认知系统"里的解脱!当我们能完整地看见内在所有过时的、无效的信念系统、习性等思维程序的模式,我们可以选择依然放任,也可选择彻底叛逆一次!

简言之,智慧人生是在复杂的世界里,做一个简单的人,静心看世界,欢喜过生活。愿每个人,都能重归平静,拥有智慧,享受智慧,不浮不躁,不慌不忙,淡定从容地过好这一生。

三、智慧人生文化是什么

智慧人生文化融会古今中外的智慧,其跨文化、跨学科的高度综合性特点,源于上述系统思维。智慧人生文化多需要通过体验式学习[①],意在言外,用语言文字难以概括。为使其文化体系的名称和内涵更容易被理解,现尝试解读如下:

(1)从"家排"到"家道"的智慧人生文化。智慧人生文化把"家族系统排列"发展为:融合了中国优秀传统文化等东西方智慧的"家道"文化。家庭是人生的道场,父母是人生的来处,夫妻是人生的伴侣,子女是人生的传承。家国一体,把家庭经营好,对国家报效好,人生的智慧也将达到圆满境地。

(2)作为"新心学"或"新实学"的智慧人生文化。智慧人生文

---

①　智慧人生文化体系特点:理论与实践结合,让我们通过练习从"知道"向"做到"迈进,切实地增长智慧;关系中的问题一针见血,关系改善的方法精准到位,在当下就能开始转化;通过个案深入发掘关系背后的真相,由表及里,不做表面文章;从三扇门身、心、脑(身体、情绪、意识)呈现出的生命状态里,诠释生命的课题;带领您看到生命的宽度、广度与深度,激发创造力、想象力和鲜活的生命力……这将为您提供一个非常特别的机会,不再跟随过去所积累的知识和信息,而是慢慢地感受心的振频,让活跃的头脑回归到久违的平静。无论您的课题是什么,我们都将陪伴您,自己去遇到那个已经就在背后的答案。本书并不是苦难的直接解药,而是提供和创造一个容易带来成长与改变的途径。

化发展了王阳明心学、知行合一等理论与实践,可操作性强,堪称"新心学"或"新实学"。现代哲学家贺麟曾提出"新心学"的概念,但因不够实用而现实影响较小。我们当以此为鉴,探索更加具有可操作性和实践性的途径,超越唯心与唯物的二元对立,实现更高层面的综合创新。

(3)作为"生命学"的智慧人生文化。在现行学科体系中,"生命科学"基本局限在"生物学"的层面,距离生命本质尚远。而智慧人生文化以"生命学"为本,其跨学科的整合性特点,则可使"生命科学"真正发现和深化认知生命的规律、本质和潜能。

(4)从知识到智慧:转识成智的智慧人生文化。知识并不是力量,能够学以致用、"转识成智"的智慧,才有无穷的力量。当代最有原创性的中国哲学家冯契教授立足中国哲学,吸收马克思主义实践论,回应西方哲学,提出了作为其思想核心的"智慧说"。他继承了汤用彤研究"言意"关系的思路和方法,把对"言意之辨"①的研究,发展到对"转识成智"机制的探索,重构了以消融矛盾对抗为旨归的直觉思维方法。冯契借用唯识学"转识成智"的术语来概括这一由知识领域转入智慧境界,由"以物观之"进入"以道观之"的"理性直觉"的思维飞跃过程。可惜其说缺乏实修支撑,而我们

---

① 哲学和修行的探索,总会进入一种"说不出"的阶段,即超名言之域,这是"言意之辨"的终极问题。

以真学实证为本的"智慧人生文化",正可弥补以往缺陷,将之丰富发展。

　　智慧人生就是一个转识成智的过程,因为成长,首先是我们认知这个世界的方式,开始有一些真实的转化。转识成智是由知识领域和局限性的认知信念,转入圆融无碍的智慧境界,也就是从以自我为中心、局部性的认知,来到系统性、全息性的认知。"识"和"智"都是关于事物的认知和看法,但"识"是局部性的认知,即我们看到一个事情,然后内在产生分别、看法、评论、描述,得出结论。"智"是完整的、整体的认知,也可以理解为,从头脑的经验性认知来到实相里的洞见性认知,或通过对过去经验里头脑储存信息的比较性认知来到事物当下的、本质的、圆满的认知,即从头脑的看法转进到对实相的领悟。例如,"识"是分别心、执着心、烦恼心、对立心、颠倒心、无明心,"智"是智慧心、平等心、出离心[①]清净心、大自在心、大无畏心、无所求心、无所住心。

　　"转"是注意力的转移,即通过把注意力从过去的认知、头脑的认知、经验性的认知、知识性的认知层面,转移到事物的本质、全貌、实相或本体上来,亦即转化烦恼习气为觉醒开悟,其终极目标是回归自性。就像人类对生命本质的了解过程一样,先是了解

_____

　　① 出离不是离开现实世界,而是还在生活里面,但不执着,随缘经验该经验的一切。

人的思想、身体,然后心理学又开始了解情绪,直到了解自我的实相,即生命、意识的本体。它最终一定是从自我来到自性的部分,才能圆满对生命的完整性进行探索。

转识成智有两个层面:识的层面就是世俗的,智的层面就是超越世俗的,它远远超脱了人们在生存层面来考量事情的认知习惯。所有的发生,当看到它带给生命的正面价值时,都是恩典!转烦恼成菩提、转凡成圣,都是"看法"转了,由此方可转识成智。没有被转化升级的意识,就像是一条老旧的破船!连地图都是过期的,无法带你到达有诗的远方!

平时人们探索外在世界,探索自己,探索生命,大多停留在知识层面,这跟头脑的局限性有关。知识是过去经验的积累,而智慧是从自我中心的看法来到对事物本质的看法,即整全的、没有局限的认知,亦即超越头脑的实相认知。一旦达到这种智慧层面,就已经跟头脑没有任何关系了,而是超越了头脑制约的、对宇宙万有实相的系统观照。

唯识学用万德圆满、无所欠缺、如实观照一切的"大圆镜智"来描述转识成智的最高境界。唐代慧能《坛经·机缘品》对此解释说:"大圆镜智性清净,平等性智心无病。"明代进步思想家李贽《与马历山书》将之与儒学"明明德"联系起来:"盖人人各具有是大圆镜智,所谓我之明德是也。"谭嗣同《仁学》进而认为:"从心所欲不逾矩,藏识(阿赖耶识)转为大圆镜智矣。"

　　智慧人生是一条回归自性的路,这是指整个转化过程的发生方式:从不清晰,回归到清晰! 从无所选择,回归到拥有更多的选择! 从混乱,回归到秩序! 从固着,回归到流动! 从单一,回归到多元! 从失衡,回归到平衡! 从自动化习性反应,回归到超理性选择! 从无效,回归到有效! 从隔离,回归到连接! 从任性,回归到智性! 从主客体分离,回归到融和合一! 整个的旅程,就只是回归! 伴随着收获的喜悦与觉醒的欢愉,这就是一条回家之路。珍惜生活里每一个转化生命的契机,利用所有的因缘,去看见自我的制约与局限,为自己的生命与生活,完全地承担起责任,让生命具有全然的乐趣和方向! 平静之外,笑着去生活!

　　朝向追求智慧人生的成长方式,是一个清晰的选择:选择生命的方向,可以去向哪里! 选择这一生为何而来! 选择正确地度过生活、度过生命、度过时间的方式! 选择用怎样的态度与整个世界互动! 选择在所有的关系里你是谁! 选择所有的选择,不去陷入被迫与受害! 选择拿起什么,放下什么! 选择把成长这件事情当成什么! 无论面对什么,如果我们总是可以有更多的选择,而不是一次次地把自己逼到墙角,这本身就是一种创造性的自由! 生命的最终结果,就是来自一次次的选择,并在选择中彰显着智慧!

　　由上可见,智慧人生文化确实像是一扇门。当您打开它,会发现生命原来还有更多的可能！会发现每一个生命都是世间最完美的存在，为什么我们只能活成现在这个样子！会发现我们还可以再一次拥有自己全新的生命，而且自己能够决定做主！

四、智慧人生文化体系的现实意义

智慧人生文化，是一条了解受苦的捷径。有时，通过学习而得来的醒悟，就像是一次又一次的惊醒！让我们有机会洞见关于自己内在的所有实相。而这些真正的看见，才是带来真正改变的核心契机。智慧人生的旅程，不是关于治疗，而是关于修行，不是关于去除，而是关于了解。"自我中心"，才是生产受苦的工厂，所有产品的误差，要回到生产认知的意识源头那里，才有机会被导正。一个错误的生产线，就会源源不断地生产出错误的产品。那些承担售后服务的修理工，能参与的工作，总是很个体化、很局限性的。治疗效果是有限的。成长，可以把有限再次带进无限！

智慧人生文化也是心理成熟与超越的内在科学，实践性非常强，不能空谈理论，其中自我管理的技术与自我训练是非常重要的。很多人学习了太多的方法，成为方法的爱好者和搜集者，生活上却没有丝毫的变化，这于成长是无益的！受苦的消失，需要了解内在心智运作的全部过程，要达到足够的熟练和清晰。这是系统性的工程,需要真实的体证与切身的实践。单凭一点儿知识和理论上的了解,想把受苦这件事情糊弄过去,是行不通的。

本书的分享,都是来自身心的实践,来自关系的实践,来自生活的实践,来自生命旅途的实践! 如果我们读过的文字和记下的笔记,没有经由生命的真正经验来体证,那只能变成我们知识的一部分,却无法成为生命的一部分! 知识的丰富和心灵的匮乏,常常是同时出现的! 智慧人生的成长和学习,于心灵而言,不再是用知识在我们的内在"占据空间",而是用这些宝贵的经验和智慧,在我们的内在"创造空间"。这里不再是关于知识与资讯的累积,而是关于技术和方法的系统化传承!

我们试图从各个角度描述智慧人生文化的方向和内涵,在这里我们开始自发地朝向成长。这里开启的不是一本书,而是一条路:我们开始愿意承担起自己的责任,开始探索和拓展意识的空间,开始研究自己,并懂得他人,开始更有意愿地服务于他人。开始在观察里、实相里行动和选择,而不是在习性里被动地行动和选择。开始拥有更敏锐的觉知与看见,开始拥有更宽广的包容,开始在清晰的目标里行动,而非局限于"名利"。开始对这个世界抱有更友善、弹性的观点,而非更多地陷于局部与片面。开始有经纬度的生活,而非深陷入迷茫。开始更有力量的、朝向未来的努力,而不是深陷于过去。开始更多地接受人性所有面向,并且深情地拥抱自己,开始更多地拥有爱、连接、接受的能力。

通过本书,我们将开启一个内在探索的旅程:探索我们是谁,探索我们与周遭一切的关系,探索我们内在关于爱的潜力,探索我们蕴藏于心的深层智慧与力量。在人性与心灵的最深处,我们展开思考与体验,了解生命的本然与存在的意义。在脑科学与意识科学的角度,我们了解"苦"的真实性,学习如何在现实生活中,体悟无常与无我。我们一起学习如何去为这个世界更好的服务;如何活出更圆满、更喜悦、更自由的生命;如何造福于更多的生命;如何造福于我们唯一的地球!

看见了才去相信,这样的相信是从怀疑中诞生的,所以看见的也有限!智者都是基于信任,而之后的看见,与看见了才去相信相比完全是另一个维度的智慧。优秀传统文化强调"正信",什么都不信是最大的迷信。我们与智慧人生文化的关系取决于我们的看法,而通常人们的看法是有局限性的,没有达到一个应有的高度。很少有人知道智慧人生的全部价值内涵,有待同仁更深地探索与挖掘,那无限深邃的空间总会向我们敞开!

您渴望怎样的能量,掌控自己的生命? 如何让您的头脑专注在能量,而不是物质上? 如何更多地留在自己的能量中心? 如何让头脑和直觉更好地合作? 如何让爱和知识能彼此地兼容,共同服务生命与生活? 这需要展开对生命系统全方位地了解和探索!

在智慧人生文化中,我们将学习:家族系统动力如何作用于我们的生命,成为我们一生的背景和蓝图;原生家庭如何影响着我们的人生历程,成为我们幸福与否的决定因素;我们在事业和金钱关系上,如何突破潜在的制约,走向更辉煌的成功;我们的身体、大脑和心灵如何协调运作,推动我们朝向健康、幸福、和谐的生命状态,实现更高的人生价值!

读这一本书的收获将会很多,但也无法即刻拥有智慧,改变您多年来固有的生活状态。我们只能从关系开始,一点点地改善,一点点地成长。打开了这扇门,您将慢慢发生以下变化。

身心健康:清理心中压抑已久的压力、焦虑、冲突、委屈等负面情绪。

关系转化:对每一段关系都有新的视角,开始主动连接和创造更好的关系。

家庭和美:清晰地看见自己拥有和应该感恩的亲人,向家里输出爱、信任与关怀。

财富事业:从生命背景中看见财富和事业的制约,从匮乏到满足,再到创获丰盛。

人生自由:敞开、连接、放松,身边的人和事不能够再给您约束,自由自在的日子就不远了!

生命是五彩的,可是我们只活了一部分,没有活出生命本有的宽度、厚度和高度,而且习惯了认为这是正常的,这是头脑中的思维定式给人带来的局限。活出生命的极致——这是对生命意义最尊贵的爱与承诺!生命就应这样淋漓尽致,毫无保留,全然地过好这一辈子。爱就尽情地爱,恨就尽情地恨,恨完就过了,无论做什么都是全然的。如果您对生命意义探索和提升有兴趣、热情和勇气,我们诚挚地邀请您一起来走这一条"生命成长"之路!

智慧人生文化所提供的心理支持系统,所有的技术与经验,只有当我们对自己内在的转化,有一份真诚的时候,才可能是有效的!通过持续性地对内在的观察与看见,正确地去使用这些策略与工具,毫不避讳面对自己内在所有的真实,看到这些心理事件发生的真实的本质!每一次的转化,都是在"清晰"这一意识层级完成的!这里需要有一份承诺,是关于对自己内在的成长,有一份强烈的意愿与担当!这不仅仅是关于所有个体责任的承担,更是对于脚下这条道路,那份心无旁骛的勇气与热情!一个懦夫是无法尝试的,这是一个勇者的道途!真正的探索者,不会止于经典,不贪恋于坚守或模仿,不会固执地往回走,而是奋力向前行!在有生之年,经验自己的求真之路!

智慧人生文化探索解脱于内心冲突,超越对自己的不满,体验完整的自己,活出自己最美好的生命状态;让您从此爱上自己、爱上生活,唤醒对关系的自然的洞见。这是生命之花绽放的艺术,其圆满的内涵,不是一本书能承载的,这是一项复杂的系统工程。

总之,智慧人生文化运用系统思维把古今中外的智慧和修行方法有机融合,力求万法归一,一归当下。这种综合创新的实修体系,可以提高自我觉察的能力,促进身、心、灵的逐级升华,为实现生命的终极自由提供了切实可行的路径。学习智慧人生文化,没有谁适合不适合,只看谁有没有缘分、愿不愿意。这是一个探索生活幸福、关系和谐的科学,是关于如何活出更好生命状态的科学,是如何让行动和爱更有效的科学,是关于头脑与心性的科学,是一个探索自己,接纳一切的科学!祝福每位对生命充满好奇和诚意的人,都能更深入地走近自己!

第四章

生活的意义:于无处不在的
关系之网中找寻价值定位

　　人生由关系组成,要探讨人生的意义,首先要清楚这些关系的层次和意义。智慧人生,从关系和谐开始,让生命整体成长! 本章从生活基本关系展开,探讨人生的意义。由此我们可以更深刻地理解马克思所说"人是一切社会关系的总和",从而实现"人的全面自由发展"。

　　处理关系的智慧在很大程度上决定了人生幸福指数。在人的一生中,最复杂也最恼人的,莫过于两个字——"关系"! 有的人和父母纠缠了一辈子,在原生家庭中始终走不出来。童年在父母那里的遭遇就像是阴影,笼罩了生活的方方面面。有的人在伴侣关系中苦恼,和爱人吵吵闹闹、聚散离合。与异性互动的模式若没有改进,即使分开了,遇到下一个,也是问题多多。有的人在抚养孩子方面,每天着急上火,带孩子写作业就像是一场战争! 不知不觉地复制了父母管教自己的样子，想要改变也束手无措。

　　家庭里几种关系的好坏，通常决定了一个人生命和生活的质量，也影响到他在事业上、财富上、社会关系上的成就。关系中的烦恼，会演化成生命内在的冲突。关系处理不好，生活中就会充满愤怒、委屈、哀伤、恐惧等负面情绪，这让我们活得很苦、很累！还有不容忽视的一点是，身体往往第一时间映射出内在的状况。身体是不会说谎的，它忠实地帮我们贮存所有的情绪。中医的古老智慧中讲，肾主恐惧、肝储愤怒、肺藏哀伤……现代医学研究也指出，70%以上的疾病都和情绪有关。由此可知，关系不和谐所带来的负面情绪会给我们的生活带来极大的困扰。

生命之树图

　　因此，改善和提升一个生命的状态，要从关系入手。在智慧人生文化中，我们把一个人的生命关系分成八个部分，即父母关系、伴侣关系、亲子关系、事业关系、财富关系、人际关系、健康关系、自我关系,简称八大关系,由此对生活和生命中的关系展开系统的探索!

八大关系的相加,构成了一个人整体的生命与生活,这些关系的质量就决定了生命的质量。我们这一生是否成功,不能通过单一指标进行判断,而是要对八大关系之间的序位、平衡与和谐来综合考量。这也是关系的基本法则,如有违背,生活和关系就会付出代价。

关系的表相背后可能有我们无法想象的隐情,我们自以为是在有意识地处理关系,而往往忽略了还有一种"潜意识"在替我们做主。所以本书要支持您看见关系纠葛的实质,看见关系背后的真相,看见真正替您做主的是什么!"看见"是一种最有力的工具,当您看见了,也就从关系的受苦中解放了。

一、父母关系

(一)父母关系是生命启航的基础

原生家庭的基础在于我们与父母的关系,父母关系既是我们的第一所学校,又是我们生命中的第一段关系。原生家庭对于生命个体的影响,从其母亲受孕之时便已开始。一个孩子在成长的过程中会不断接收到来自父母的信息，这基本定型了孩子的生命发展走向。民间有句老话："三岁看到老"，就是说孩子在 3 岁之前，主要通过模仿父母来认识世界、与人交往，这也塑造出孩子的"精神轨道"。[①]当孩子成年以后，会不由自主地按照这些轨道去发展自己的行为。当这些轨道形成以后，想要改变、修正这些旧有的、固化的习惯性模式，是非常不容易的事情。就像水果表皮留下风吹日晒的生长痕迹一样，很难再去抚平让其重现光滑。

　　父母是祖先的代表、生命的源头，也是连接祖先的那扇门，更是我们生命成功、事业腾飞、人生智慧向更深层次维度有更深刻发展的背景与基础。一个人的整体人格特质，包括性格色彩、行为特征、情绪状态、价值观、思维模式、自我认知等等，都与原生家庭的影响密不可分，而这些因素几乎构成了未来的人生命运。用最通俗的比喻：父母是土壤，孩子是秧苗。用更形象的比喻：父母是苹果树，孩子是树上的苹果。父母关系输送的营养成分，决定了苹果的品质。父母这棵树本身的养分是否健康，是孩子的心灵健康、生命宽度与深度发展的最基础因素。

---

　　①　因为三岁基本所有的性格特点、行为特征、情绪模式，都从父母这里形成完毕。早期人们把这种自动化的反应叫性格，其实是不完整的，因其背后有很多部分不属于性格的范畴。它是在更深的心理意识层面，甚至是其他的力量作用于这个人，而不是由他来做决定的，不是出于他的真心，纯粹是个体良知或系统良知运作的结果。

（二）父母关系决定生命关系的质量

原生家庭决定了一个人未来全部生命关系的质量，我们进入世界的方式，就是不断地复制从父母那里体验到的所有关系的模式，代代传承，我们一边抗拒着，一边效仿着。如果一个人与父母的关系不和谐，当其进入社会以后，会将这些问题、冲突、情绪带进所有关系中，通过投射、替代，重复地经验创伤与体验，破坏关系，在关系里有无尽的痛苦。

在与父母的关系里，我们可学会所有的关系法则，比如谦卑、恭敬、礼让等。在这所学校里没有学到的，待长大以后，我们将会以成年人的身份，用各种方式去学习成长。那个过程是很困难的，代价也较大。如果想获得成功，首先要在内心圆满与父母的关系。

与父母关系的连接感，会影响我们生命的所有面向，影响有多深远，我们可能需要花很多年、好多精力探索，才能意识到。例如，当我们对父母很抗拒时，在与伴侣相处的过程中，就经常会把这种抗拒直接转移到伴侣的身上。又如，当向父母索要很多而得不到时，会产生极大的愤怒。这样在伴侣关系里，也会不断地创造要不到的失望，进而迁怒于伴侣。再如，若时常指责父母，自己在伴侣关系里也会将怨恨带给对方。若背负了父母的很多苦难，在伴侣关系里也会很受虐。

因此，面对由于父母关系所衍生出的其他关系问题时，我们一定要深入思索，要知其然也知其所以然。如果一个女儿经常冒犯妈妈的位置，而站在爸爸身边。那么日子久而久之，女儿的这种习惯会给生活带来一系列的影响，产生错位、冒犯、对各种关系不满意等等情绪。

（三）父母关系带给生命的系统性影响

您跟某个人的关系，会严重影响您与另一个人的关系。您与原生家庭的关系，会严重影响生命中的所有关系。这就是系统，就像宇宙中的各种行星、恒星之间，彼此错综复杂地影响制约着。如同地球和太阳，它们不能太近，也不能太远，一直共同维持着非常完美的距离，才能保持着一种良性关系。

一个人的情感习性和模式也是在原生家庭中形成的，源于我们与父母互动的方式。比如，孩子常常用某种方式吸引父母的关注，这就会形成一种固定的模式。我们长大进入社会以后，往往也用这样的方式吸引别人关注。原生家庭的关系给人一生的障碍和影响的关键，不在于父母给了我们什么或没有给什么，而是取决于我们有没有回报父母什么，这便是感恩和尊重。不然，您就没有把感恩和尊重带进生活的所有关系里。当与人交往时，大家都能感受到您的情义寡淡与傲慢，人际关系便会由此崩盘，生命、生活与事业也很难有健康的发展。

当我们看着妈妈，首先想到的是什么？我们不应总是怨恨她给的爱不够，而应首先看到她曾经给过什么。比如，从小的照顾，这是任何人也不能替代的。那是一个母亲对孩子的照顾，怎么有人能够替代？如果一出生就被送养也没有问题，其生命的由来依然跟妈妈有关，而关系是从施与受开始的。当一个孩子拼命朝妈妈要爱时，从深层次讲，他在要求生存和安全感。爱的对立面是恐惧，那个伸手要爱的动作，不是基于爱，而是基于恐惧。因为没有安全感他会恐惧："父母不关注，我会死去。"真正的爱不会伤人，伤人的是爱的杂质。

原生家庭培养我们拥有两种能力——爱和接受的能力，亦即看破与放下。接受，就是能整体地"看见"：既看到妈妈没有给的母爱，也看到妈妈不能给母爱的原因。例如：因她内心被另外一些事情纠缠，妈妈已经没有能力爱孩子，她给出的关注是有限的。如果我们出于"忠诚"，也会用有限的方式关注自己的孩子，爱就没有自上而下地流淌下去。

父母并没有义务要一辈子都爱孩子，如果我们没有认识到这点，就会陷入自以为是的孩子心态，而"道"不是这样存在的。我们往往都是假以爱的名义，但那不是爱他人，而是爱自己。爱是什么？爱是朝向对方的移动。例如，一只母老鼠，如果因为吃某种食物而遭受电击，那么它会选择放弃食物。如果看到它的孩子在对面，无论如何电击，它还是会奋不顾身地过去。这才是爱，是接近于本能的爱。这不再是一种欲望，不是对于食物的需求，而是爱的体现。

如果一个人的心智成熟到就算没有得到父母的关注，内心仍然对父母有一份成熟的感激，而不是充满匮乏与饥渴的怨恨，这将为您带来成熟的生命与人生。当我们伸手朝父母要安全感，这是在要爱。当我们说爱的对立面就是恐惧，那么分辨什么是真正的爱，尤为重要。虚假的爱，往往与恐惧有关。

例如，特别关注自己健康的人，可能会更容易生病，过分关注自己健康也是不健康的一种生命状态。有人拼命打太极拳，是因为他害怕生病，而过度锻炼也会降低健康水平。反过来，如果练太极拳是基于喜欢去做，而非基于恐惧，那么身体素质就会随之提高，也就无需担心健康问题。这两种不同的动机天差地别，当然就会出现两种结果。我们不要太关注疾病，而应关注有没有用"合道"的方式去生活，这样才能更自然、健康地过好自己的生活。

在父母关系这所学校里所学到的，影响着我们的婚姻、家庭、健康、性格、人际关系等等，这是全方位的。不管走到世界哪个角落，都会把与父母关系所创造的那些感受，带到所有的关系之中。

例如，一位母亲很看不起伴侣，她女儿未来极可能会重复这个状态,而她儿子在未来遇到女人蔑视男人的行为时,会有极强烈的反应。若想知道生活如何教化我们,那便是,您抗拒什么,就会得到什么。如果您想以最快的方式得到什么,唯一的方法就是:抗拒它。宇宙的因果法则是:您只会得到您真爱的,或最厌恶、排斥的东西。

(四)父母关系带我们学会尊重与谦卑

面对家族经历的所有苦难,我们要带着尊重与谦卑。否则,就会永远与家族苦难建立一个黑暗的连接。这个连接对自己的生命不是祝福,而是毁灭性的能量。那不是父母带给您的,而是自己的执着带来的。头脑有一个最明显的特质——"我执"。自我有两个部分——我执、我见:我执,就是执着、固执,也叫偏执;我见,就是偏见。

当您对家族苦难的看法还不完整时,一意孤行就是在伤害生命,这时头脑就会让生命卡在某个点上,无谓地消耗着生命能量,使得生命不再鲜活与灵动。当尊重与接受家族里的苦难、灾害、伤痛、冲突与纠缠等发生时,才有机会把自己的生命提升到更广阔的空间去发展。因此,父母关系是幸福生活的基础,更是我们一切发展的基础。

当我们想扮演英雄来拯救父母的关系或家族的苦难时,就会发现除了把自己搭进去于事无补,其他什么都做不了。孩子们很想用自己有限的资源,拯救父母或家族的苦难和命运。殊不知,父母之间冲突的背后有极其复杂的动力与命运,面对这些,到底能做些什么呢? 若不能使其实现转变,不如回归本位,做好份内事,避免南辕北辙。

当一个孩子表现得比父母还大的时候,就等于放弃了自己的序位,从此在宇宙间没有了他的位置,他会感觉有一种缺失感。世间每棵花草树木,都有其位置,如果离开,就相当于连根拔起。当孩子表现得比父母大时,无论未来他去哪里,都可能是在孤军奋战,这是很常见的现象。

当孩子失去自己的位置时,就很难得到来自于父母祖先的滋养与支持。父母的家族背景本应是一个人最有力量与价值的滋养与支持,但现在却变成了背负父母苦难的命运。将这些扛在肩膀上,只会压倒自己,失去自己的生活、位置、快乐和生命轨道。他没有生活在自己的轨道上,反而卷入了父母和家族的苦难与生活里。他还会把别人投射成父母,这就会生活在别人的家族苦难、生命故事和伤痛里。那些本应属于自己的部分,却没有人照看,这种情况无疑是一种"陪葬"。

德国人有个谚语:"父母帮孩子,所有人都笑了。孩子帮父母,所有人都哭了。"孩子透支自己去帮助父母,是违反序位法则的。

在父母的面前,除了顶礼和鞠躬来表达谦卑以外,孩子能做的其实并不多。比如,妈妈不爱爸爸,在这件事情上,孩子能做什么呢?如果想建议父母如何相爱、如何经营家庭,这显然超出了孩子应该做的范围。这样做,纯粹是为了让自己好过一点。如果不这样做,会有罪恶感,就想要恢复清白感。良知服务于归属感,这只与恐惧有关,而不是爱。当不断地发现,以爱的名义所做的事情,却不是爱的时候,就会理解什么是爱,但凡以恐惧作为背后推动力的都不是爱。

(五)从父母关系中学习接受、放下抗拒

我们理想中的父母往往与现实存在不小的差异,总希望他们应该是另外的样子。当抗拒父母的时候,在现实生活里就会与整个世界进行对抗。期待父母是另外的样子,这会让人永远失去接受的能力。如果连父母原有的样子都接受不了,还能接受什么?这增加了恐惧感,毁灭了接受性。回到生活里,会对所有事情都指指点点、挑挑拣拣、居高临下地妄加评论。在一个团体里,当他不是最有创造力而是最善于评论的人时,则只会制造负面的能量,对团体没有建设性作用。因为接受性特别差,团队会直接排除这样的人。

在一个孩子的生命里,父母真正的角色和功能是把孩子生出

来。一旦孩子降生，从某种意义上讲，父母的责任就结束了。孩子总是会误以为父母将孩子生出来，就必须要把孩子养大。如果父母愿意把孩子养大，孩子只有感恩，因为这是恩典。当错误地理解父母与孩子之间关系的本质，就会横添出很多的理所应当。这好比一个乞丐向您讨要 10 元钱，您说："不好意思，我只有 2 元。"乞丐说："OK，那您欠我 8 元。"再如，过生日时爸爸原来答应会送 10 个礼物，但是他只送给了 9 个。这种情况发生时，孩子的眼睛会看向什么？这就是人类的局限性，头脑就是这样运作的。当深入了解头脑，就知道它到底有多么地疯狂。

　　父母给我们很多，我们的报答，是要把一部分爱回报父母，一部分向后代或其他人传递下去。生命被爱传承、承载，向下延续。在一个最应该融洽、有爱、有感恩的关系里，却是最缺少爱、融洽和感恩的。您也许会把最知心的话讲给朋友听，但很难对父母真正地袒露心扉。如果我们与父母有距离感，我们就没办法跟伴侣进入很和谐的亲密关系之中。

　　孩子与父母的关系是一生的功课，我们在父母那里所有形成的情感、情绪的各种模式和习性，会原封不动地打包带入到伴侣关系里，并重现我们与父母之间所有的困难和障碍。这样我们完全会生活在无明的状态里，甚至都不知道与伴侣之间到底发生了什么。

　　如果我们与父母的关系是良好的、圆满的,对父母充满赞赏、感恩,我们也会将这样的状态形成良好习惯,带到所有的关系里。如果在家里没有养成这些品质,长大后就要通过各种各样的成人素质训练和教育、心灵成长课程去学习和恢复。但是这样的恢复过程是极其艰难的,最简单实用、直接有效、成本最低的方式,就是回到父母面前去学习与恢复。

(六)与父母关系失序的不良影响

　　如果我们跟父母之间的序位出现了问题,会有以下六种状况发生:

　　第一,无法完全接受生命。当我们抗拒父母的时候,其实也是在抗拒自己的生命,抗拒自己和生命之间的和谐。生命这份礼物是从父母那里得来的,父母是我们生命出发的地方,抗拒父母就会与自己的生命形成对抗。

　　第二,陷入人际关系冲突。当与父母的关系有冲突时,我们的人际关系里百分之百会重复发生冲突。这是因为相较于其他人而言,父母是最爱我们的,如果和最爱自己的人都没有办法和谐相处,那么很难想象与其他人之间会是怎样和谐共处的。

　　第三,习惯性放弃。那些对父母有抗拒感的人,长大之后进入某种关系或从事某份工作、学习某个手艺,都容易出现习惯性的放弃,很难持续性地坚持。背后的潜台词就是:"这个不是。"这句话最早产生于对父母的失望, 他们觉得理想的父母不该是这样的。孩子对父母本有的真实位置进行否定,在头脑中创造出另外一个期待。人一旦出现习惯性放弃,他的生命在任何地方都很难持久或真正取得成就。这种习惯性放弃在很多人身上都有。如,新婚不久,就否定了伴侣;刚上岗,就否定领导和团队,在所有的关系里都会不断放弃。只要与父母有习惯性对抗,就容易出现习惯性放弃。

第四,自我惩罚破坏。当一个人与父母产生冲突,他的潜意识里就会积累罪恶感。父母之命不可违,冒犯父母的人,内心全是罪恶感。有一些人为了赎罪,会做很多助人的工作,将自己活成一个拯救者,这样的人最早是渴望自己被帮助。他们会做很多公益、捐很多钱,但捐钱不是以捐为目的,其深层次用意是,不要拥有这些,而习惯性放弃美好的事物。当我们跟父母有对抗的时候,会在健康、财富、婚姻等所有关系方面,有很多破坏力极强的自我破坏。

第五,与整个世界疏离。父母至亲是最容易走进我们内心的人,如果抗拒他们,也就意味着我们会选择自我封闭,这种封闭是源于内心且很难打破的。一旦陷入这种境地,就在很大程度上意味着我们已经选择了与世界保持着距离。这种距离感会逐渐从与人交往,扩大到生命中的方方面面,极大程度地降低我们的生活情趣,从而无限剥夺做事情时应有的获得感。这样的生命是悲哀的,甚至再无价值可言。

第六,自我评价低。自我评价低也被称为自卑,有人在人群里表现得特别傲慢,其深层原因是源于自卑。抗拒父母的人也是抗拒自己,他的生命中就会时常出现否定感。对父母排斥得越严重,对自己的评价也就越低。

当我们抗拒父母身上的某些部分,不能完全接受的时候,就会重复这个部分。头脑上的抗拒,潜意识会重复,潜意识是认可的,头脑上是抗拒的。而真正决定结果的不是头脑,而是潜意识。越抗拒父母的孩子,越可能卡在这种关系里,终生都无法摆脱。这样的人无论多大年龄,看上去都有孩子气,都"很年轻"。比如,一个孩子非常憎恨父亲很权威、武断的特征,他长大后,会吸引很多这样的人来到他身边。又如,一个女生从小最讨厌特权威、很暴力的男人,她长大通常会嫁给这样的人。海灵格夫人苏菲老师经常讲:"你会越来越像你的敌人,你越抗拒什么,你越吸引什么。"因为人越抗拒什么,就越靠近某些东西。

与父母关系一旦出现状况,就会在自己生命里制造某一种场域,未来这种场域还会不断地复制到所有关系中。一个对父母失望的人,人生就会活成在一次次的希望、期待和失望当中,他会在所有关系里饱尝挫败。直到有一天,在内心里改变了童年跟父母连接的感受,转机才有可能发生。当我们带着爱和感激接受父母时,我们内在会有一种结束的感觉,就好像叛逆期结束,已经长大成人。

(七)脱离原生家庭的机会

我们脱离父母有四次机会:一是出生并剪断脐带时,二是结婚时,三是孩子出生时,四是父母有一方离世时。叛逆期是孩子想脱离父母和家族系统对自己的牵连与影响,想成为自己和独立生命个体,所以叛逆期是非常有价值的过程。

只有在内心里改变了童年与原生家庭连接的感受,命运才有可能发生转变。当我们带着爱和感激接受父母的时候,心里没有争吵和抗拒,只有完整和圆满。我们所有关系的冲突,都跟自己与父母之间关系的不和谐有关。我们所有关系里的和谐与圆满,都跟自己与父母之间关系的和谐圆满有关。

父母功课是一辈子的,面对父母,我们第一件事情要做什么?忏悔。当诚心诚意地跟父母说一声对不起的时候,会让我们回忆起很多对不起父母的言行。这些在头脑里想不起来,可是在深层次仍然累积了大量的罪恶感,而在生活中我们会做各种各样的自我破坏来平衡罪恶感。为避免用自我破坏的方式来消除这些罪恶感,可以用忏悔这种清理罪恶感最直接的方式。忏悔重点不是说自己有错,而是看到自己不妥的部分。忏悔不是审判自己,而是一种自我反省。曾子说:"吾日三省吾身。"这里的"三省",指多次的反省觉察,走向新生。

孩子与父母的关系永远是我们生命关系里面的第一段关系,要在这里面做足功课。当我们开始向父母鞠躬致敬和感恩,然后转身去开启自己的生活。这就像完成了一个成人礼,父母在背后用祝福的目光看着您。这意味着回到自己的位置和轨道上,肩负起自己生命的责任,开始发展自己的生命。

(八)与父母关系难题的背景与原因

(1)孩子与父母之间的难题,形成的背景与原因,最常见的是孩子对父母有过多的欲求和期待,因此会造成更多的失望。

(2)孩子认同家族中另外一位长辈,或家族中某一个角色,而陷入真实关系的冲突里。其实,孩子跟父母没有冲突,但是他认同了某个人,而那人跟父母有冲突,所以他也跟父母有了直接的冲突。这个背景非常隐蔽,通过系统排列的方式才容易发现其中的原因,否则就会莫名其妙地难与父母走近。比如,孩子认同了外公外婆、爷爷奶奶,或父母的前任伴侣,这是家族系统中最常见的三种认同。如果爸爸和前任伴侣因很不愉快的冲突而分手,后与继任伴侣生下一个女儿,这个女儿认同了爸爸的前任伴侣,就会非常抗拒父母。孩子认同了族群中的某人，在能量上就活成了另一个人，可是现实生活里又要面对他的父母，于是在真实的关系里常发生这种冲突。

（3）孩子对父母间发生的事有自己的评论和理解，与事实不符。孩子对于父母之间发生的事情，都是源于听说或猜测就形成了一整套自己的评论和理解。但其事实往往并非如此，这会影响我们跟父母的关系。

（4）孩子介入到父母间，试图帮助改善父母间的伴侣关系。每一个这样介入父母关系的孩子，绝对会与父母发生冲突。再有，当父母有冲突时，孩子常站在某方立场对抗另一方。如果孩子看到妈妈非常强势，表面上与妈妈在一起，但是深层次会忠诚于父亲，甚至模仿父亲。比如，一位母亲总是向儿子抱怨他的父亲每天总是喝得烂醉如泥，告诫孩子以后千万不要像他父亲一样。但往往事与愿违，孩子长大后也特别喜欢喝酒。这是出于忠诚，因为整个族群的男人都是这样的，他不可以违背。面对这样的情况，母亲和孩子只有对父亲的饮酒行为表示出爱与尊重，才是最好的解决家庭矛盾之道。除了爱与尊重，没有其他的路，若用抗拒的方式，只会让这类事情重复发生。

（5）孩子试图以冲突或抗拒的方式挽留父母。当孩子觉知到父母有一方有离开的冲动，就会想尽办法与父母发生冲突。这只是为了吸引父母的注意力,想把父母唤醒,希望他们能够把眼睛睁开看一眼这个孩子。

(6)孩子用冲突的方式提醒父母去看没有活下来的孩子。当父母没有在心里给那些死去的孩子一个位置,活着的孩子往往会用冲突、刺激父母的方式,引导他们看没有"看见"的孩子。比如,个案中,父母跟孩子发生激烈冲突,一直到父母对于躺平的孩子有了善待和连接,说"我看到你了"。那个跟父母冲突的孩子才终于与父母开始平和相处。

我们与原生家庭之间的问题可能有很多原因与背景,在这里无法穷尽,需要自己用智慧去探索。探索自己和原生家庭的关系,还需深入探索家族系统动力带给自己的影响,以及在原生家庭中形成的创伤、关系模式、思维认识、累积的情绪等等,让这些制约有机会被疗愈。当我们有能力疗愈自己,自然就懂得生命和心灵运作的规律。当我们进入这种状态,自然就是成熟而智慧的生命个体。

家族就像是一台彼此联动、系统化运作的精密机器,由看似简单的零件构成,但每个齿轮之间的协作又极其紧密,组成了一个相互作用的整体。这台机器的运作既有其自身的特点,又要符合普适性的运作规则,唯此才能确保这台机器的顺畅运行。如同手指与手掌的关系,虽然看似只是五个手指和手掌组合而成,但每个部位都有其独特的功能与个性,失去哪个部分,都可能对手的功能乃至其他部分的功能带来影响或变化。

当一个家族成员发生一些事情,如法律纠纷、生病住院、意外死亡等,其余成员都可能出现抵偿、替代等行为。这种在家族中运作或存在的力量称为"家族系统动力"。这种动力如同一只"看不见的手",以其特定的规则与秩序运作着,维护与保障着整个族群的存续与繁衍。这种动力虽然看不见、摸不到,但却会无声地影响着家族内每位成员的行为、情绪、生活等方方面面。

从某种意义上讲,家族中的每个个体都不是可以各自行事、互不打扰的独立成员。家族是由一群有血缘关系、有亲情连接的生命个体组成的,没有一件事情是会孤立发生的。个体与家族系统总体相互作用、相互依赖,家族中所有的事情,都会对家族成员或后代带来影响。

家族中个体的潜意识需求是要活着, 出于这种求生存的需要,个体往往特别关注爱与归属。个体被良知运作,告诉我们的行为是否产生清白感或罪恶感。清白感让个体感受到归属于族群与家庭的权利,满足生存的潜在需要。当个体破坏集体法则或违背道德、公德、社会秩序等,内在会产生罪恶感。罪恶感的积累会破坏金钱、关系、身体等,给生存带来威胁与危机感。良知的主要出发点不是善恶对错,而是与所在群体的归属连接。为了获得清白感或归属感,个体可能会做出盲目行为。

二、伴侣关系

人一生通常要经历爱情,坠入爱河,找到自己那个"Mr. Right"①。当彼此吸引的两个人有了进一步的发展,就希望有机会步入婚姻的殿堂,开始家庭生活、生儿育女。尽管很多人都知道经营婚姻关系可能会劳心费力、伤心失神,但仍然趋之若鹜地冲进婚姻的围城。在童话故事里,我们经常会看见,王子和公主经历千辛万苦,终于开启了幸福的生活。一般到这个时候,故事就结束了。那么王子和公主的婚姻生活到底是什么样的呢?我们就在这里一起探索伴侣关系的奥秘。

伴侣关系是两个没有血缘关系的陌生人,通过亲密关系的建立,繁衍生命,这是一个比亲子关系还要艰难的话题。伴侣关系是陪伴您一生最久的一段关系,这段关系到底是滋养您一辈子的关系,还是折磨一辈子的枷锁,这是非常关键的人生课题。

这段关系的质量取决于什么? 也许您是企业的高管,您可以

---

① 最好的伴侣不是最优秀的那一个,而是最适合的那一个,所以有了"Mr. Right"这个词。从字面上理解是对的人,引申为最对、最适合自己的人,命中注定的伴侣。

率领"千军万马"的团队，但是婚恋这一仅仅由两个人组成的关系，怎么好像很难把握，经常让我们陷入对人生的终极思考。凡此种种，是何因缘？下面让我们对此进行探讨。

(一)伴侣常见的互动模式

有一本畅销书，名叫《男人来自火星，女人来自金星》。书中提到，男女确实不太一样，不仅生理结构不一样，心理结构与思考方式也极其不同。男人总是觉得女人的心似海深，难以琢磨。而女人却觉得："就这么简单的道理，猪都可以知道，但是他却连这么显而易见的事情都不明白，真是不可理喻，一定是装的！"在这样的状态下，一场水深火热的争吵好像已经在酝酿中，两个相爱的人仿佛要开始互相残杀了。

就像前面所说，王子和公主幸福地生活在城堡里，未完待续的故事发生了什么？怎么没过几年，王子就变成癞蛤蟆，而公主也成功地蜕变为女巫了。我们到底生活在天堂还是地狱？怎么想过着幸福美满的追梦生活，却活成了刀光剑影、剑拔弩张的状态。这种局面不禁让无数痴男怨女生出无限感慨："到底是怎么了？"

两个人相遇初坠爱河之际，往往像被施了魔法，对方仿佛就是自己的真命天子，就像看到鲜花最绚烂地绽放那样迷人。就这样，双方都被丘比特之箭射中了要害，满心欢喜地结婚了。

但是当两人开始生活在一个屋檐下，双方之间的关系仿佛发生了改变。眼前那朵完美无瑕、娇艳欲滴的鲜花，不再是完美地绽放，您看到了鲜花的下半部分，布满了棘手的枝枝杈杈。这时候，我们最常见的做法是什么？

在伴侣关系里，我们一直在努力做一件事，就好比拿着一把剪刀，随时随地盯着对方，伺机拿出锋利的"武器"改造、修理对方，希望将对方打造成为自己的完美伴侣、理想的白马王子。如果改造不成功，我们甚至还会采取更换伴侣的策略。这样的现象显然严重背离了伴侣关系的美好初衷。因此，在伴侣关系里，我们要看见：自己只是在按照理想的模板，拼命地改变、改造着对方，虽然无法成功，但是我们依然在不遗余力地挣扎着。

伴侣关系的经营过程也是夫妻双方学习的过程，伴侣只是镜子，反映出我们自身缺少的东西。伴侣关系首先就是要看到对方，有很多在一起生活几十年的伴侣是没有真正看到对方的。

在伴侣关系中我们总是付出有条件的爱，渴望得到无条件的爱，但往往得到的只有失望。伴侣关系是否健康、满足，对亲子关系有很大影响。我们通常会把在父母、伴侣关系那里没得到的东西，连本带利地带到亲子关系里。亲子关系伴侣化是伴侣关系中常出现的状况，这是将在伴侣身上没有得到的满足，直接打包投射到与孩子的相处上。这也会让孩子直接站到父亲或母亲的位置上，去承担不属于自己的责任。

（二）伴侣关系为什么重要

伴侣关系是陪伴人一生最长久的一段关系，如果这段关系不幸福，会不会影响我们的健康？如果每天我们都在愤怒争吵中度过，心情会不好，人就容易生病，从而影响生活品质。

父母是孩子生命的背景，也是孩子关系世界的背景。家庭就如同一所房子，只有地基稳固，盖在上面的房子才可以任意塑造或者创意。夫妻就如同房子的地基，伴侣关系的质量决定了地基的稳固性。

如果情绪不好，怎么可能还会有心静如水、如如不动的心理状态，恐怕只有心乱如麻、坐立不安的心境了。当伴侣关系不和谐时，来到工作岗位也很难不将坏情绪带到工作中，不稳定的工作状态会影响和同事的人际关系。如果是在管理层，还很有可能影响到重大决策的质量或效率。我们常说："家和万事兴。"家庭和睦、伴侣和谐，才能带来事业的顺利与兴旺。

有时候也会出现另一种局面，就是某些人全身心投入工作，取得了非凡的成绩，但是始终处于单身局面。其实这种局面也是一种非正常的伴侣关系，这类人群可能只是将对伴侣关系的渴求投射到事业上，或许是为了逃避进入伴侣关系才投身于事业。古话说:"孤阴不生,独阳不长。"表面的事业繁荣,也许会掩盖更大的问题。

当然,伴侣关系的重要之处还不止这几个方面。伴侣关系作为创造生命的基础,是人类生命出发的地方,也是一个人心灵的依靠、灵魂的道场,与人的情绪、心灵、生活、生命等方方面面息息相关。既然伴侣关系如此重要,我们确实需要花时间好好探索一下。

(三)影响伴侣关系的因素

我们都是在别人的婚姻里,学习如何建立自己的伴侣关系。也就是说,我们对于婚姻的早期体验,都是在父母的婚姻里体验到的。如果父母关系和谐,带给我们的体验就是好的,我们对于婚姻的看法会多一些正面。如果父母关系带给我们的体验是很有压力的,那面对自己的婚姻,也未必能做到轻松自在。我们需要看见的是:在伴侣关系中不是发生了问题,而是彼此都带着既有的问题进入了伴侣关系,这些旧有问题最早是始于原生家庭的。

当看见自己在原生家庭的关系中没有圆满,还有很多童年坑洞和未被满足的匮乏,我们就会带着对原生家庭的情感渴望,拼命向外去寻找。当我们进入伴侣关系以后,开始竭力在伴侣身上寻找着缺失的部分。当刚好对方可以满足的时候,我们就会误以为爱情天使降临在自己的身上了。殊不知，我们面对的，只是自己内心的投射，而非对面的伴侣。我们要看见的，就是自己的投射和期待对于伴侣关系的影响。另外，我们还要看见伴侣的原生家庭和背景，看见生命的全部。

例如，一个女生在原生家庭中对父亲感到失望，她就会在伴侣关系里，期待将老公改造成为理想父亲的样子。一旦伴侣出现她讨厌的父亲的某些特征，她就会抓狂并且愤怒。即便这些"逆鳞"在其他人眼中再平常不过，她也会将对于父亲的情绪，通过指责、谩骂、侮辱、攻击的方式，变本加厉地倾泻到伴侣身上。如果一个男生有一位强势的母亲，他就会特别渴望有位温柔的太太，同时他又期待太太拥有强悍的力量，因而对强势的女人既依赖又抗拒。

伴侣关系是最滋养人，也是最折磨人的一段关系。父母关系是一切关系的核心与基础，对父母关系的匮乏会直接投射到伴侣关系里，使这段关系还没开始就搞砸了。与父母互动的关系，会形成自己认知和应对世界的心理、行为模式，这对自己一生都有影响。婚姻是两个族群的关系，或者是个人和原生家庭的关系。若不能与父母有圆满的关系，婚姻关系也会付出一定的额外代价。

婚姻的本质是寻找共度余生的陪伴者，而非无条件给您幸福、满足您要求的人。在伴侣关系中人们总是渴望向对方索取无条件的爱,但只会付出有条件的爱,互相争夺只为了满足自己的需求。人们通常会把在父母那里没得到的东西,直接打包带到另一段关系里,即心理学所谓"投射"。这只会带来更大的失望,显然伴侣关系不具备这样的功能。

原生家庭是您生命里的第一个团队,是人生中最重要的一段关系,所有的心灵领域、成长团体都会谈及这段关系。这段关系是此生的起点,也是我们生命腾飞的起点。与父母的关系是否圆满,会影响到我们所有的关系。您与新组建家庭、工作等互动模式,最早都起源于您和原生家庭是怎样互动的。我们在童年时就从父母那里学会了所有的模式和习惯,一旦回到生活、工作里,就会把在原生家庭中养成的所有模式、习惯、习性,毫无觉知地带到所有的关系里,包括我们与伴侣、与孩子、与其他人、与这个世界的关系,这深刻影响到我们生命里的所有关系及其质量。

原生家庭塑造了现在家庭的模式,现在家庭又重现了原生家庭的状况。原生家庭是一个系统性的综合话题,在这里只是做一个初步的探讨,揭开冰山一角。探讨这个部分也只是想请读者回看生命中最重要的这段关系,正视这段关系对自己伴侣关系的影响。

我们是从原生家庭成长起来的,原生家庭对我们的伴侣关系会有很大影响。同样,我们的伴侣也是从原生家庭成长起来的。就像是苹果树和苹果的关系,我们根本也不可能期待苹果树上长出梨子。因此,了解自己的原生家庭、了解伴侣的原生家庭背景,对于营造和谐的伴侣关系是非常重要的。

无论与父母的关系如何,我们都不得不承认,今天经验的一切、得到的一切,都得益于原生家庭的发生与经历。我们也必须承认,父母只不过是普通人,他们有自己的问题,可能会犯错,很难无时无刻关爱着我们,甚至有时还会发脾气、打我们,但他们始终是我们的父母。无论与父母的关系如何,是陷入冲突还是表面和谐,抑或是他们已然仙逝,原生家庭对我们的影响都依然存在。比如,父母虽然已过世多年,但是由于一直没有达到父母的期望,内心充满了愧疚感,而且这种情绪一直萦绕着您,无论您做了什么,都始终郁郁寡欢,无法安心和开心。

要想成为真正的伴侣,拥有智慧的两性关系,就要拿出勇气,带着责任感去探索彼此原生家庭的关系。尽管不能要求原生家庭对我们的一生幸福负责任,但我们却可以尽力对自己负责任,把握好自己的生活。实现这一目标,首先要回到自己的原生家庭里,将自己的角色回归到孩子的位置,让自己成为父母的儿女,而不是父母的陪伴者或拯救者。做回父母的孩子,需要勇气与真诚,更需要做到臣服与接受。只有在父母面前臣服,并做回孩子,我们才有机会真正地脱离原生家庭,让自己成长为一个真正意义的成年人,而不是一个拥有"内在小孩"的"巨婴"。

人生最困难的事就是从心理和情感上摆脱原生家庭的影响,不再重复原生家庭的制约和牵绊,要想顺利地实现上述角色转换,我们还要拥有"了解"的智慧:了解父母与家族的背景和历史。常言道"吃水不忘挖井人",也是类似的道理。

影响伴侣关系质量的一个重要因素,就是对于对方父母的态度。我们的伴侣来到这个世界上,不是孤立的生命个体,会受到家族系统动力、家族背景的影响,也会陷入原生家庭的纠缠与羁绊。因为受到这些影响,我们的伴侣也只是一个不完美的平凡人。我们应正视那些我们难以面对的方面,正视这种平凡。伴侣和原生家庭的关系如同苹果和苹果树的关系,若吃苹果时很好吃,但不接受它是从这棵树上长出来的苹果,则为无稽之谈。

在伴侣关系里,有一种非常特殊的关系,即与前任伴侣的关系,这段关系的质量直接决定了现任伴侣关系的质量。无论多么不愿面对,前任伴侣也曾经是共同切实经历过的一段伴侣关系。面对前任伴侣,我们要学习圆满的智慧,以避免为其所累。

前任伴侣关系就像公司的前任领导一样,他曾经有一个位置,和您一起走过一段真实的路程,这是不能磨灭的历史和印迹。当与前任伴侣的缘分结束了,这就从两性关系转化成前任伴侣的关系。

　　对待前任伴侣，首先要给出一个正确的位置，也就是说，在一个家庭里，前任伴侣的序位在现任伴侣之前。坚持正确的序位，有助于圆满与前任伴侣的关系，也有利于下一段关系的顺利与和谐。正确的序位，不是在心里放不下前任伴侣，而是在心里清晰地知道，家族里有前任伴侣的位置。虽然关系已经结束，但是这个位置和这段关系依然存在过。

　　圆满与前任伴侣的关系，还取决于我们是否给出感激。伴侣分开之后，最常见的就是，彼此之间充斥着指责、抱怨、愤怒等情绪化的能量。一个未圆满的以往关系，如果在心里有太多的情绪残留和冲突，它就成了一种背负，没有办法变成一种滋养的能量。前任伴侣陪伴您走过一段生命的路程，不仅是您情感的一部分，也是您生命的一部分。您记起的不应仅仅是曾经的冲突、伤害，还需要完整地看到共度的那些很美好的情感体验、很有爱的岁月。

　　伴侣关系要在爱中开始，在爱中结束。我们会把在第一段关系里学到的这些经验、感悟，带到下一段关系中去，明晰正确的序位将对下一段关系大有帮助。如果做不到圆满与前任伴侣的关系，对下一段关系就会有破坏性。如果能做到圆满，对下一段就是滋养。

　　影响伴侣关系的原因还有几个重要因素：

　　首先，堕胎、夭折孩子的影响。海灵格曾在其著作中称："如果夫妻有两个以上的堕胎孩子,即使婚姻形式还在,但实际的婚姻关系已经结束了。"本书不去论证这个观点准确与否。我们在现实中,的确可以看见堕胎孩子对伴侣关系的质量有一定影响。对于堕胎、夭折的孩子,父母只要带着爱,去看见、接受他们是我们的孩子,他们曾经在我们的生命轨迹上出现过,接受孩子与我们之间就是这样的缘分,这就够了,需要做到不夸大,不逃避。

其次,父母的前任伴侣对两性关系可能会有一定影响。系统动力科学强调完整性法则,就是家族所有成员都要被看见。父母的前任伴侣也是这个家族的成员,如果没有被家族成员看见,将可能对于后代带来影响,有一个后代会被系统运作到那个位置,这种现象叫作"认同"。这种情况对伴侣关系质量的影响非常直接而深远,但是这种常见的现象并不容易被发现。

再次,生育问题也是困扰伴侣关系的一个课题。有人将伴侣关系称之为人性中最古老的游戏。从生物学角度来说,伴侣关系建立的底层使命就是藉由繁衍后代让生命、种族不断延续下去。从这个逻辑来看,生育问题可以说是伴侣关系的核心。当有一方不想要孩子或单方面放弃生育的权利,也许另一半表示理解或赞同,但其实在两人的潜意识里,对于彼此关系已经造成一定伤害。

最后,这个世界上分为两种人,一是男人,二是女人,他们的冲突一直存在。纵观数千年人类发展史,重男轻女、男尊女卑的思想,让女人依赖男人而存活,男人则长期对女人进行着心理与生理的压迫。现代以来,一场无声的革命悄然展开,女人在物质上、心理上不再依赖男人。但数千年在女人集体潜意识里留下的压迫痕迹,让男人、女人的冲突永远存在着,这也让伴侣关系面临着复杂的局面。

(四)信念系统对伴侣关系的影响

意识分为表意识和潜意识,这共同构成了我们的认知体系。长期认可的认知会形成我们的信念系统,信念就会吸引外在的发生,这些发生会再次强化自身认知和信念系统,这样又再次吸引重复事件的发生。如此往复,就有了认知吸引发生、发生强化认知的轮回模式。

例如,一个女生被单亲妈妈含辛茹苦地拉扯长大,妈妈因丈夫出轨,在女儿年幼时就已离婚。妈妈感觉被伤害,后半生过得很悲惨,所以总是教育女儿:"要小心男人,男人没有一个好东西。"母亲将这样的认知和信念深深扎根于女儿的内心,在未来的人生中,这个女生很难遇到好男人。即使遇到好男人,不是将他成功地诱导为渣男,就是将好男人推出自己的人生。可见,认知和信念系统多么有威力。

心理学家荣格曾说:"创造不是来自智力,而是来自内在需要的游戏本能。"这种内在需要就是通过认知和信念系统呈现出来的。那么我们的认知和信念系统又是怎么建立的？从哪里建立的？既然认知和信念系统对于伴侣关系的质量如此重要，就值得我们认真花点时间梳理清楚这几个问题。

（五）期望在伴侣关系中获得什么

当我们进入伴侣关系时，最希望得到的是什么呢？是两性之爱吗？是给出无条件的爱？还是其他？接下来，我们就和大家探讨一下。

在伴侣关系中，往往不是去给出什么，而只是希望得到什么。比如，安全感、归属感、确定性、被认可的需要等等。即便是有一些付出，也不是无条件的付出，而只是想用付出换取一些什么。

最常见的是向伴侣关系索要安全感和依靠。女人经常会说这样的话："找个好男人，有个依靠，得到安全感。"比如，希望有稳定的生活环境、财务支持、关系连接，好像有了这些，生活在这个世界上就会更安全一些。其实，这只是个美丽的误会。

在伴侣关系里，我们朝这段关系要什么物质内容都可能实现，要戒指、钻石都可以，然而这个世界给我们提供了很丰富的资源，却唯独不存在安全感。一个执着于追求安全感的人，一辈子都只会活在不安中。如果朝伴侣索要安全感，这就好比向现代人要恐龙作宠物，根本就是天方夜谭，安全感也就无法出现在这样的人身上。我们妄想通过伴侣关系，令我们获得安全感，这往往是行不通的。

安全感是孩子对父母的需求，一个寻找安全感的人，一生都活在不安全感里。婚姻有很多功能，但它不会给人提供安全感，这是错误使用婚姻的体现。所以总有一天您们之间会出现状况，因为您一定会失望。放下对安全感的追求，您就永远活在了安全感里，走在成长路上总有一天会有这样的体悟。

我们还会利用这段关系去寻求某些确定性，如一段确定的关系、伴侣、情感……我们总是以为自己有了这些确定性，或有了婚姻的保障，就有权利占有这份爱，甚至占有伴侣，这样就会少一些恐惧和不安。但是人生充斥着不确定性。人生本来就是由诸多不确定性组成的，试想如果人生全部是确定的，我们就不会再有太多期待或惊喜了，这人生恐怕也太苍白了吧？如果继续看本书，就有机会进一步了解：到底是哪里想要安全感和确定性，为什么人对安全感和确定性这么着迷？

在伴侣关系里，我们通常还会出于享乐的需要，希望伴侣无条件地满足我们，我们总是要求对方给我们欢喜，好像这原本就是属于伴侣的责任和义务。我们甚至还有渴望"成为什么"的需要，也就是说，我们想成为一个什么样的人，不是自己去实践、创造,而是像个乞丐一样,不断地将"要爱、要认同、要认可"的手伸向伴侣,寄希望于通过伴侣的认可,让自己成为想成为的人,这样的做法显然是行不通的。

在伴侣关系里,我们拼命展现着"自我重要性"。只看到自己是重要的,别人都不重要;只看到自己的需求,看不到其他人的需要。但很奇怪的是,我们看不到别人的需要,却希望自己被别人需要。究其本质,这并不是想要给予别人什么,而是通过这些达到控制、讨好伴侣的目的,从而向对方要爱。值得玩味的是,我们想要的这些,往往是伴侣关系给不了的。

将伴侣关系放在成长的角度来思考,我们会把这些发生的难题当作课题来探究,而不是当作问题来处理。每一段关系都有一个伟大而又神圣的目标,就是让您变得更圆满、更完整,心灵不那么残缺,让生命有蜕变的意识,有机会成长,这是您成长的资源。因此,在伴侣关系里有两句话:"拒绝爱就是拒绝生命,拒绝痛苦就是拒绝成长。"关系为什么让我们那么辛苦,是因为没有在成长的状态。

因此,要想自己的伴侣关系非凡,我们对生命的理解也要非凡。要想伴侣关系有深度,首先要让我们的生命开始有深度。婚姻是成年人的事情,两个未成年的孩子在一起,不可能收获成熟的伴侣关系,这不仅是受生理的制约,更是受认知能力的制约。要想拥有成熟的伴侣关系，务必要先清楚伴侣的核心本质——陪伴与照见。

伴侣是陪伴您共度一生、体验人生、成长与成熟的人，但不是满足您需求、给您幸福的人。有多少夫妻以爱的名义在一起，但是他们所有底层的元素跟爱一点关系都没有。这种婚姻里没有爱，只有需求。如，您一个月赚多少钱，有多大房子，开什么车，这些跟爱有没有关系？这些是为了满足需求，怎么可能是爱呢？当一个男人看到您有这些需求时，他的灵魂都知道您不是爱他，而是爱自己。这样怎么称得上伴侣？那种关系只能算生活中的合伙人而已。伴侣在灵魂上是有交合的，而且在生命的终极意义方面，彼此间有配合、默契和高度认同。

伴侣还是给自己照镜子的人，照见自己最不愿面对的、极力拒绝的自己，照见自己残缺与不圆满的部分，照见未知的自己。要想经营好伴侣关系，首先要清晰伴侣关系的功能，不要错误地定义和使用伴侣关系。

两性之爱可以让双方的内在与外在得以融合为一，我们越能秉持这种开明的态度，就越能让自己融入爱的共振之中。事实上，伴侣关系发展到深处已跟关系无关，它的发展取决于双方对生命和世界的了解有多深刻，以及对婚姻、爱情、情感的理解程度。

(六)伴侣关系真正带给我们的是什么

伴侣关系带给我们三个最主要的能力：

1.看见的能力

看见伴侣关系的实相，看见伴侣曾为您付出的代价，看见伴侣在您生命里所创造的价值，看见伴侣为您的服务，看见伴侣的出现对您生命所产生的影响和意义。

还要回到原生家庭，如果尚未在父母那里看到他们所有跟爱有关的行为和态度，您就没有办法在父母之外看到任何人。我们说父母的功课是一辈子的，意思是成长是一生的事情，人永远离不开原生家庭的影响。因为我们出生于原生家庭，它是我们生命的源头，怎么可能离开它呢？一个苹果一直到成为垃圾，都不能脱离苹果树对它这一生的影响。哪怕变成种子，重新发芽，它只能成为苹果树，不会成为葡萄，当年那棵苹果树的影响就是如此深远。古人讲"种瓜得瓜，种豆得豆"，一方面说因果，一方面也说传承。您从哪里来，就是您的背景。

当在伴侣关系里，有能力看见自己在原生家庭的不圆满、自己的投射与期待、自己不停地向伴侣索取如梦幻泡影的安全感，以及伴侣的家族背景以后，我们就会在伴侣关系里学习关于接受的智慧。

2.接受的能力

首先，接受父母原本的样子及其婚姻状态。我们对父母总是有一个理想化的期待，但现实中的父母，总和我们期待的父母，有着巨大的落差。带着这份对于完美的期待，我们继续在伴侣关系里寻找：我老公不应该是这样的，应该是那样的；我太太不应该是这样的，应该是那样的；孩子不应该是这样的，应该是那样的。

其实父母是什么人，并不关我们的事。他们用什么样的方式经验他们的生命，在一个成年人的角度，都是可以接受的。他们可以选择结婚，也可以选择离婚。如果能够放下对于理想父母的期待，我们跟父母之间会重新创造和谐，重新创造良好体验与认知，这个并不难。我们要带着尊重，接受父母的生活和婚姻状态，看到实相，并且有能力和这些实相和谐地生活在一起。

当接受父母关系的实相后，我们才有机会创造选择的自由。我们想创造一个什么样的婚姻，这与父母有什么样的婚姻，没有必然联系，但我们强行将这些没有必然性的事情关联在一起。就像您的手机关联了别人的银行卡一样，这是不应该发生的。我们让自己对于婚姻重新建立认知，而不是停留在当年跟父母互动过程中建立的认知。这是一个重新创造的过程，完成这些转化后，我们再回到伴侣关系里，就会更容易实现幸福与和谐。

其次，接受伴侣是与自己不同的生命个体。当我们看到伴侣的生命是通过其家族环境背景而来的真相后，我们就会更加深刻地明白他们并不是按照我们的期望，为我们量身打造出来的产品。他们只是他们自己，他们可以和我们不一样。这样，在接受伴侣的同时，也是在接受他们的祖先与家族。唯有接受，才有可能让我们的伴侣关系，获得两个家族的祝福与加持，为伴侣关系增添一份和谐。

3.爱的能力

只有当我们拥有一个完整性、全部性、全息性的看见和接受的时候，才是改变自动发生的时候，爱与尊重的智慧才得以显现。在伴侣关系里要通过看见和接受，让自己先具备给出爱和尊重的能力。当一对伴侣都在原生家庭里还有那么多的匮乏和不圆满时相遇，就会像两个乞丐见面，互相伸着手朝向对方要爱，他们根本就没有能力给出爱。当我们开始爱父母、爱自己，甚至爱世间的一切，我们才会真正爱上伴侣。

当我们尊重世间所有的一切，才可以尊重我们的伴侣。爱的智慧，是一个内在的系统工程。它需要大量的时间，到伴侣关系里去练习、去实修，才可以做到，才有机会成为智慧的人，拥有经营关系的智慧，获得和谐圆满的伴侣关系。

（七）如何创造和谐的伴侣关系

上面看了这么多理论，想必读者对于伴侣关系已经有了不同的理解。想要创造和谐的伴侣关系，我们至少要从以下6个方面展开：

第一，表达需要与歉意。您有没有这样的体验，在工作岗位或人际关系里，可以对别人表达需要或者歉意，但是当面对伴侣却好像很难说出口。其实，如果回到伴侣关系的本质，我们又怎么会因为这些表达，而认为这会使自己低人一等呢？

第二，施与受的平衡。伴侣关系里施与受的平衡很重要，这种平衡又包括正向平衡、负向平衡。要想获得正向平衡，就需要彼此都付出多一些、爱多一些，这样的伴侣之间才会创造出更良性、更和谐的关系。当我们对伴侣多一些伤害、少一些付出，则会破坏幸福与和谐。

在伴侣关系中，最根本、最重要的不是被爱。被爱是孩童的需求，一个人越渴望得到爱，就越是容易失去爱。在伴侣关系里，最重要的是，给予他人爱，懂得去爱别人。被爱与爱人，如影随形。

第三，深入原生家庭。我们要想成为一个成熟的伴侣，就必须回到原生家庭，完成角色转换，即回归到孩子的位置，在原生家庭完成叛逆与转身，成长为一个心智成熟的成年人。

第四，熟悉并挖掘自己的信念系统，重新构建自己的信念系统。认知、信念系统对关系影响至深，要想令伴侣关系和谐，首先要深入了解自己的信念系统的背景，这样才有机会重构认知体系。

第五，了解伴侣的原生家庭与背景。当我们深入了解伴侣的背景，我们才有机会看懂伴侣，最终接受伴侣。当我们因为对某件事情与爱人产生分歧时，回溯到对方的原生家庭中去，更有利于我们了解爱人的想法，找到分歧的原因，打开和谐的大门。

第六，生命整体成长、成熟。伴侣关系在生命中如此重要，如果一个家庭里男人女人的关系是好的，那么对这个族群就会有很多滋养。对于祖先来说是一种报答，是一种孝顺，对后代来讲是一种祝福。如果不成长，童年经历就已决定了这一生的走向。比如，您会找一个什么样的伴侣，那都是童年的事件和经验所决定的。再如，从事什么样的职业，所做的重大决策，都被童年的事件所预设。

伴侣关系是被一股高于人类的力量连结在一起的，这股力量可能会带来深深的痛苦和失望。但只要两人在彼此的经历和喜怒哀乐的互动过程中，真正开始回看自己，抱着尊重与接受的态度跟随这些力量的引领，让自己有机会更加成熟，就是这段关系带给我们最大的机遇与价值。

总之，伴侣关系会让所有的内心世界曝光，会让我们所有的情感世界变得透明！进入婚姻，我们必须进行重新规划，特别是曾经与他人相处的所有原则！婚姻，不是一个改变他人的地方，而是一个改变自己的地方！如果想在这段关系里扮演一个不是自己的自己，那么这场人生大戏就会被自己演砸了！

三、亲子关系

俗话说："养儿一百岁，常忧九十九。"无论孩子多大，父母总是会为孩子操心，简直是操碎了心。亲子关系一直备受人们关注，从某种意义上，也让父母备受滋养或煎熬。有结婚证不能保证婚姻一定幸福，有孩子也不能保证一直能成为优秀而且合格的父母。借用网络上流行的一句话："结婚虽易，养儿不易，且行且摸索。"

阅读本节，首先邀请读者在亲子关系里，重建两个思维角度。第一，不是关注亲子关系的问题，而是关注希望达到的亲子关系的氛围。当关注亲子问题时，我们与孩子是处于对立的角度。但是当想到我们和孩子共同创造的状态，无论期望达到什么状态，想必都是美好而和谐的。单单这一角度的切换，就会散发出不同的震动频率，这对于推动和改善亲子关系有着至关重要的作用与意义。

第二，不是只盯着亲子关系的问题，急着用线性思维方式寻找答案,而是将关注表象问题,转变为去深层次地探索表象背后的动因与背景,一起去挖掘和发现解决方式。这种思维角度将我们的关注点,从问题转移到解决方案。这是完全不同的思维角度,使我们从关注负面向关注正面移动,也从焦虑转变为兴趣。思维角度的改变会带来心态、情绪的变化,读者可慢慢体会这种思维方式带来的价值与意义。

(一)中国家庭常见的亲子问题

我们总结出中国式家庭常见的一些典型亲子问题,下面一起来感受一下:

(1)掌控、专制多。通常是家长掌控孩子,父母或隔辈的老人,努力将孩子打造成自己期待的样子。这种模式比较常见,多数家长都希望有一个听话的孩子,然而很有可能造成孩子的逆反心理。

(2)互动方式有问题。这有多种表现:有的家庭成员之间很少沟通,或几乎不沟通;有的家庭成员之间是无话不说,没有界限和隐私;有的家庭成员之间表面有沟通,但是很难深入,没办法进行有效沟通,沟通常伴随着争吵等。

(3)双重依赖,互相纠缠。这样的模式特别常见,尤其是孩子长大并且组成自己的小家庭以后。有的是在经济上依赖,俗称"啃老";有的是在原生家庭上依赖,如"儿子娶不进来,女儿嫁不出去"。

(4)孩子与父母保持距离，无法亲近。通常表现是，很难有身体接触。比如，"爱的抱抱"，更不要说彼此表达情感。很难有心灵的沟通，仅是表面和谐，或者表面就是冷冰冰的，有很强的界限感。

家庭界限模糊，原生家庭、现在家庭、亲子关系不清晰。有人说："中国人结婚以后，床上躺的不是两个人，是至少六个人。"这句话形象地诠释了这种现象，一个人的事仿佛就是全家族或两个家族的事情。

隔辈人带孩子，啃老一族。现在很多年轻人不是只有在经济上啃老，有了孩子以后，由于工作忙、双职工、让孩子代替自己陪伴父母等原因，往往会请父母协助带孩子，或干脆将孩子委托老人带回老家去抚养，这种现象在都市家庭很常见。老人带孩子容易出现序位混乱的状况，家庭中的序位混乱也容易带到未来的生活和工作中，导致一些社会问题。

亲子关系伴侣化(伴侣关系亲子化)。亲子关系伴侣化在单亲家庭中比较容易出现，由父亲或母亲一方抚养的孩子，往往替代缺失的伴侣陪在父母身边，在双亲家庭也会出现这种情况。这样背景的孩子长大了，很难组成自己的家庭，或很难成为别人的伴侣。伴侣关系亲子化也是比较普遍的，例如，女人希望丈夫像父亲一样爱自己，男人希望老婆能取代自己的母亲爱自己。

父母将孩子视为私有财产,为孩子而活,放弃自己的人生。比如,有一位钢琴家,他的父亲辞职专门培养孩子成长。当然,从现在的成就看,孩子取得了非凡的成就。但试想一下,这样状态下长大的孩子会背负多大的压力与期待,这对于孩子的成长是否正向积极。在这里,想请父母思考一个问题:孩子是属于父母的? 还是属于这个世界的? 如果孩子属于父母,父母只会用自己的方式教育孩子。如果是属于世界的,则会用世界的方式教育孩子,让孩子成长为独立的个体,去拥抱整个世界。

亲子关系倒置,父母像孩子、孩子像父母,俗称"反哺"。这种现象会造成典型的家庭序位的混乱。本书讲关系法则时曾涉及这个部分。

亲子关系互动有问题,容易对孩子带来很多影响,包括行为问题、情绪问题、人际关系问题,甚至身体上的症状。在这里我们列举一些可能会出现的问题,这些都是我们在探索智慧人生的过程中积累、总结、沉淀下来的。看到这些问题,你会不会产生一些困惑? 那么,真的会出现这样的情况吗?

家长往往都会有这种感觉,企业的难题、工作的压力,往往可以迎刃而解,但是面对亲子关系时,本来一个看似很简单的关系,常常会让家长感到力不从心,无从下手。为什么亲子关系会这么难? 家长们经常感慨:生孩子容易,养孩子难,成为一个合格的家长更难。孩子未出世时，家长期待母子平安，顺利出生后，又期待他茁壮成长、聪明伶俐、考名牌大学、找好工作、结婚生子……一辈子操不完的心。

教育孩子是个大话题，轻则影响家庭氛围，重则影响祖国的明天。前文已探讨了孩子属于世界还是父母，如果您认可孩子属于世界，就会理解我们在说什么。现在有很多育儿书籍、亲子教程等等，为什么看了这么多书、听了这么多课却还是学不会做好家长。比如，家长时不时就会感慨："我太难了！""虎妈能够养育出哈佛女，可是臣妾做不到呀！"成功经验容易获得，但却很难复制。

(二)亲子关系问题的形成原因

经过归纳，我们把亲子关系问题的形成原因分成两大类：一是原生家庭类，二是家族系统类。现结合一些案例加以说明。

父母有一方不在位，父母有一方注意力在其他地方。比如，父母的注意力留在原生家庭，无暇顾及孩子。有时，父母虽然看起来关注孩子，其实内在的注意力并没有真正来到孩子身上。这种现象常体现为孩子会在家以外的关系中，寻找安全感、归属感等，甚至利用离家出走来吸引父母的关注；或者出现沉溺在网络虚拟世界里寻找安全感或价值感等情况。

父母有一方有未清理的情绪，使孩子背负这些问题。很多孩子的情绪都是和家庭里的爱与压抑的情绪有关,有时孩子的情绪只是想表达:"爸爸妈妈,我跟随您,我来为您分担。"显然这些并不是他们主动施为的结果。

伴侣关系有状况,非健康状态。父母是孩子的第一任老师,年幼的孩子非常依赖父母,很难离开父母而独立生活,孩子的内心对父母充满同样的渴望。父母互动的情况,哪怕只有一点点风吹草动,都逃不过孩子的眼睛,小小年纪就成为察言观色的高手。有时孩子的行为、情绪问题等也是想表达:"爸爸妈妈,我想有个稳定的家。""我渴望安全感,您们不要分开。"

孩子站在父母一方的立场上,对抗另一方。孩子一出生,就与父母组成了一种三角关系,这种关系只有在互相支持、相互平衡的状态下,才能呈现出稳定的状态。当此三角关系失衡时,就可能呈现出:加害者、被害者、拯救者三种角色,孩子往往会冲进去与父母中的一方站在一起,对抗另一方。这种状态会给孩子带来很多影响,如攻击性强、争强好胜、不愿靠近人群,甚至容易出现暴力行为等问题。

通过与父母冲突或制造事件,吸引关注。有时候,孩子因为父母的关注不在自己身上,故意制造出一些事件或行为问题(逃学、说谎等)来吸引关注,甚至无所不用其极。

用冲突的方式挽留父母(任何一方有离开或离世的动力)。孩子的潜意识总会想方设法将父母留在自己的生命里，当父母的潜意识有离开这个家或世界的潜在动力，孩子会敏感地觉察到。这时候孩子的行为问题，甚至身体症状问题（厌食、暴食症）随之出现，用"替罪羊现象"吸引着父母的注意力，将父母强行留在自己的生命中。表面是孩子的悲哀，实则是父母的过失。

用自我虐待的方式远离父母。有的孩子会用远离、逃开的方式吸引关注，或者用这样的方式回避难以面对的家庭环境。例如，电视剧《都挺好》中的苏明玉，用逃离家庭的方式向父母表达"要爱要不到"的愤怒，也是在替代父母去承担、背负家族的命运。

亲子教育是一个非常复杂、综合性的问题，上面列示了一些影响亲子关系的主要原因，供大家参考。

（三）了解亲子的实质

居里夫人有一句名言："生活中没有可怕的东西，只有应去了解的东西。"亲子关系教育中，最需要学习的内容是：了解。压力源于陌生，了解才有机会解决。我们要做的只有了解，特别是应当先了解孩子的本质。

孩子是家庭最忠实的守护者，其潜意识总是会想方设法将父母留在自己的生命里，也会拼尽全力拯救父母的伴侣关系，甚至不惜牺牲自己的幸福与健康来表达忠诚与归属。对于孩子而言，父母在一个屋檐下生活，"家"才会完整，自己的身体与心灵才不至于被撕裂。

当父母的关系出现状况，孩子敏感地觉知到可能无法继续从父母那里获得"爱"的危机感。这时孩子可能会制造出行为问题、人际关系问题、身体症状等各种各样的问题，以吸引父母的注意力从伴侣关系的痛苦中脱离，来到自己的身上。父母也许会出于拯救"问题孩子"的需要，而选择继续生活在同一个战壕中。孩子就不可避免地成了家中的"替罪羊"，用自己幼小的身躯、稚嫩的心灵全力拯救父母，守护家庭的稳定与完整。如果父母能够做好分内之事，处理好夫妻关系，那么这种悲剧也就不会出现。

孩子是夫妻关系的"温度计"。稳定的夫妻关系将让孩子远离"被遗弃的威胁"，而不必去独自面对生存的恐惧与压力。孩子为了在家庭中更好地活下去，对于父母的状态、情绪、互动方式极其敏感。孩子的头脑即使没有察觉，内在感受已全部接收到所有的信息。

健康的夫妻关系会给孩子带来安全和归属感。他的生命是饱满的，无论走到哪里，都会给人自信、阳光和勇气，在关系里会主动付出，充满喜悦和感恩。这样的孩子生命里洋溢出一种幸福的味道，会让人更愿意靠近他，会吸引很多美好的能量来到身边。

破碎的夫妻关系带给孩子焦虑与紧张，对于孩子的情绪影响很大。暗流涌动的夫妻关系将带孩子进入伪装与假想的世界，不敢真实地表达或者靠近人群。沉闷冰冷的夫妻关系将会让孩子身心沉重，无法获得真正的喜悦。

孩子是家族的镜子，有时会用自己的行为、症状等方面的问题，呈现出家族内的秘密与问题。家族由多个小家庭构成，每个成员在家庭内部出现好或坏、平衡或不平衡的事件，都会影响整个家庭成员的情绪、行为等状态，在每个成员或后代的身体、心灵、头脑层面产生不同程度的影响。

当一个孩子表现出问题时，如果您愿意去看，可能会看到家里隐藏的某些问题。比如，家族中有一些被排除或遗忘的人，按照系统的完整法则，后代还会有孩子去重复这个人的命运，或者借由某些行为、情绪甚至是症状等问题，提醒家族内的成员去面对、看见、接受。只有当族群内的每个人都顺利归位并被尊重，未尽事宜得以重新妥善处理，过去的力量才可能从牵连纠缠中释放出来，成为支持整个家族和后代的力量与背景。

（四）亲子问题的形成因素

了解孩子的行为、性格特征的形成因素是非常重要的，归纳起来，主要有遗传、认同、模仿、童年背景等四个因素。遗传与认同部分来自于家族系统，是隐性因素。遗传是家族内的信息，以基因的方式传递给后代。

认同的部分是家族系统动力的范畴,深深埋藏在每个人的潜意识里,这可以通过系统排列个案的方式呈现出来。比如,有些孩子出现成瘾现象,通过个案呈现出孩子认同了家族内某位素未谋面,但却吸毒成瘾的长辈,孩子这种行为只是为提醒家族成员看见这位被排除的人。这样的现象屡见不鲜,是影响孩子的重要因素。

童年背景也是影响孩子的重要显性因素。荣格曾说:"原生家庭对家里子女的影响越深刻,子女长大之后就越倾向于按照幼年时小小的世界观来观察和感受成年人的大世界。"父母决定了孩子未来的整体人格特质,这里包含性格、行为、价值观、思维模式、自我认知等等。

孩子早期阶段,由于"海马体"未发展成熟,所有的早期记忆、经验都会储存在深层记忆系统里。当孩子长大后受到外界刺激时,过往的恐慌、羞耻、厌恶、自责等记忆会被触发,按照既定的情绪模式启动,这就是所谓的自动化反应。

父母如同苹果树,孩子是树上的苹果。父母输送营养成分的根系,决定了苹果的品质与未来。苹果树只能结出苹果,父母既不能期待和要求树上长出桔子;也不能强求斩断树根,横空长出苹果。父母希望孩子携带着什么样的模式走进世界,走进自己的生命和生活，这不取决于别人，只取决于父母为孩子创造了什么。

（五）了解父母的职责

父母只有清楚自己的职责、角色与功能，才有可能做到在位。父母的第一个职责是陪伴。陪伴孩子长大成为独立的生命个体，陪伴孩子做他自己。在所有哺乳动物里，只有人类需要父母长期陪伴才能长大成人，甚至有的孩子到 18 岁后还没法独立生存。

父母的第二个职责是协助。协助孩子发现、发展自己的天赋才能。每个孩子作为一个独立的生命个体，都拥有其与生俱来的天赋才能。如果没发现孩子有某方面的天赋，不是孩子不具备这些能力，而是您还没拥有一双"发现"的眼睛。现在，请张开内在的眼睛，去看见、去发现。

父母的第三个职责是支持。支持孩子成为独特的生命个体，支持孩子经历生命、体验生命。父母是孩子的背景与资源，是孩子未来各种关系的范本，也形成了最初的认知与信念系统。父母让"家"成为"说爱"的地方，而不是"讲理"的处所。孩子在这个家里学会爱与被爱、尊重与陪伴、支持与照顾，这样才会更好地面对自己的人生。

我们从孩子出生就陪在孩子身边，本应是与孩子最亲近的人。但是面对这么亲近的家人，我们往往会感觉迷惘与陌生，看不懂也读不懂,这又是为什么呢? 不了解孩子,只源于我们对自己不够了解,对自己太陌生。当我们了解自己,才能更好地了解别人,包括自己的孩子。我们该了解自己什么呢? 了解自己的原生家庭、伴侣关系和内心世界。

(六)了解自己的原生家庭

前面提到父母组成了孩子的原生家庭,人的很多行为、模式、习性都与自己的原生家庭息息相关。我们作为家族里的孩子,也是原生家庭里的守护者、温度计或镜子,家族系统内的发生在我们身上也会接收或传承。

在我们刚出生的时候,原生家庭就开始将其价值观、信念和模式潜移默化地灌输给我们,我们也会毫不犹豫地接受这些信念与模式。这些对我们的影响会非常深远,并且嵌入大脑与潜意识,当成年之后依然会影响着我们。我们会深信不疑,同时还会将这些认同感毫不迟疑地运用在自己的孩子身上。如果不了解自己的背景、模式,就会一生都在重复与轮回。不仅自己不断轮回,后代也会跟随、纠缠其中。因此,要想让孩子有轻松自在的人生,走属于自己的路,每一对父母都最好从"我"做起。就像树根和树叶的关系,当树生了病,我们要做的不是拼命修剪枝叶,而是要从树根开始系统治理。

荣格在其师弗洛伊德"潜意识"理论的基础上提出"集体潜意识"的概念，这是荣格最具原创性的概念，也是他理论的核心，即来自人类心灵中所包含的共同的精神遗传，每个人所拥有的内容都是相似的。这与"家族系统动力"诠释的内核很相似。因此，要了解自己，就要从了解自己的家族做起。关于原生家庭及家族的部分，内容非常丰富，我们需要系统性地深入探索与了解。如族谱编写的过程，就是我们了解家族的过程，有利于看见家族成员，也有利于我们初步了解家族内部的事件，有机会看见更多家庭成员。

（七）了解自己的伴侣关系

常言道："不让孩子输在起跑线上。"我们拼命投资孩子的物质和智力时，却往往忽略了真正的起跑线是从孩子的生命背景——父母开始的。父母如何，决定了孩子未来的整体人格特质，这包含性格、行为、价值观、思维模式、自我认知等方面。

婚姻是为完成延续生命的使命而出现的，这一段看似单纯的关系，经过世事变迁，却被赋予了很多本不该属于这段关系的属性与元素，让原本简单的关系充满了复杂性与操作难度。孩子的到来，让家更丰富、更完整，伴侣关系有了更深入、更紧密的连接，但是相处的技术性与技巧却要求更高了。一张《结婚证》保证不了伴侣关系的幸福与甜蜜，同样，一张《出生证》也保证不了亲子关系的和谐与圆满。

一个小家庭，虽然只有三四位家庭成员，但绝不是几位家庭成员或者几段关系的简单相加。每个小家庭里，都存在着两种关系形态：父母和孩子形成亲子关系，父母双方又构成夫妻关系，这两段关系紧密连接又相互作用。

伴侣关系对亲子关系的影响有哪些？下面我们以《小欢喜》这部较火的家庭伦理写实电视剧为范例探索一下：

《小欢喜》围绕着三个面临高考的孩子、三个背景迥异的家庭生活来展开。

方一凡，男，18 岁，生活在一个女强男弱的家庭，爸爸迁就着妈妈的小脾气，家庭氛围比较和谐融洽。方一凡虽然学习成绩一般，但是性格开朗有爱心，因在高三期间发现有唱歌跳舞的天赋，最终考上了理想的艺术院校。

季杨杨，男，18 岁，父母因为追求仕途，常年在外地工作。季杨杨从 6 岁起就跟随姥姥和舅舅生活。父母在他 18 岁时才回到身边，准备陪伴孩子高考。由于童年和父母分开，季杨杨与父母的情感非常疏离，无法有效沟通。孩子为报复父母对他的抛弃，将全部热情寄托在赛车上，学习成绩始终处于末位。后来由于母亲患重病，杨杨从叛逆转变为懂事上进，最终去追求自己的梦想。

乔英子，女，18 岁，乔英子 12 岁时父母离异，她和母亲一起生活。母亲对前夫充满了怨恨与指责，将全部的爱与期待、索取，一股脑地转嫁到女儿身上。英子在妈妈身边感觉压抑、窒息。英子的父亲也将对前任伴侣的爱投射在孩子身上，将孩子视为自己的一切。糟糕的夫妻关系状况让英子充满焦虑，患上重度抑郁，险些自杀。学习也一落千丈。父母最终复婚，爱情的完整让伴侣双方都不再将"要爱"的手伸向英子。英子轻松地考上了心仪的大学与专业。

艺术创作来源于生活，这些出现在影视作品中的桥段，或许从行为上看较为夸张，但在现实中这类问题影响的广度与强度甚至要强于作品中所展现出来的。否则，当家长们看这一类电视剧时，也不会感同身受地对此评头论足。

由上可知，探索自己的内在是一个系统性问题，这里只是简要列示了一些核心理念。系统性、深入地花时间去探索自己的内在，对于每一位父母都是非常重要的，值得各位家长拿出自己的诚心、耐心、决心去面对这个课题，开启这趟旅程。我们学习这些不是为了获得一些小技巧，让我们有机会去"修理"和对付孩子，而是要深入内在、了解自己、探索心灵。期待越来越多的家长能够走上内在成长之路，为了自己、为了孩子、为了整个家族的未来。

（八）叛逆期的亲子关系

下面我们分享亲子关系里,父母最关心和困惑的专题,希望对各位家长能有一些启示。叛逆是亲子关系里比较常见的问题,也是最让家长头疼、焦虑和迷茫问题。家长有没有这样的内心自白:"做家长太难了、心好累……"为什么叛逆会让人这么伤脑筋,核心源于不了解叛逆,现在我们就一起来深入了解。

孩子的叛逆在整个人生中不止一次,一般在成长过程中会分为四个阶段:从婴儿期到幼儿期过渡阶段、幼儿园阶段、小学阶段、青春期。

孩子在出生后的婴儿期,衣食住行要完全依赖父母或养育者,时刻离不开悉心照料,完全过着"饭来张口、衣来伸手"的自在生活。但随着年龄增长,到了两岁左右的幼儿期,也就是孩子可以独立行走、自由交流时,初步开始建立自由意志,即"我是独立的,我可以自己来"。

进入幼儿园以后,孩子开始建立起自己的"圈子"。这时孩子通常会进入人生的第二个叛逆期,尝试着与父母保持一定的距离,但是又不能完全脱离父母。有的孩子此际就已经开始有了自由意志,父母要求的事情,孩子会尝试说"不"。

孩子通常在六岁左右进入小学,开始接触更多的人和事,从父母以外的渠道学习到更多知识与技能，对社会、对生活、对自己多了很多不一样的认知。这时候孩子对父母既依赖，又抗拒，依赖父母照顾自己的衣食起居，在行为与认知上又开始有了更多的自主判断。这个时期的孩子会出现更多的对抗，但是如果父母进行强势压制，孩子往往会压抑自己的感情，更多地是以表面乖巧的姿态讨好着父母，实则内心叛逆的种子悄然生根发芽。

当孩子进入青春期以后，就开启了一段最核心、最典型的叛逆阶段，往往也是最折磨家长的一次叛逆。孩子有非常强烈地脱离父母控制的想法与欲望，要求独立发展，思想或意识争取绝对的自由，彻底与父母脱离的念头日趋强烈。尽管他们在生活、经济、认知等方面依然要依赖父母。这种脱离与依赖让少年期的孩子倍感迷茫与困惑，从而更加重了青春期叛逆的对抗与纠缠，并从之前的压抑与内心抗争逐渐转化为实际行为。在这个过程中，很多父母会跟孩子发生各种各样的，甚至是比较激烈的冲突。

那么叛逆到底是什么？简单来说，叛逆是孩子从以父母为核心的生活阶段，逐步过渡到以自我意志为主的独立生活、独立成长、独立做主的阶段，也就是孩子塑造和形成自己的三观、行为方式、人际交往圈子的过程。

由于家长并不熟悉叛逆是什么，所以家里经常出现鸡飞狗跳、不得安生的局面。常见的模式有：家长的掌控与控制，对应孩子的反抗与反控制；家长好为人师的指导，对应孩子的独立决策；家长期望教导孩子，孩子往往回应的是我自己做就好。这些模式带来的结果基本上是冲突不断，于是一场没有硝烟的战争就开始了。

究其根本，家长的这些常见模式还是源于对叛逆缺乏了解。家长也很奇怪："孩子怎么突然不听话？我说东，他偏朝西。""孩子这样下去可怎么办？会不会走上歧途或不能成才？"想要弄清这类问题，就需要先了解叛逆的功能与价值。

叛逆只是人类的一种本能，是生命成长、成熟过程中的一个必然阶段。孩子只是用叛逆的方式告诉别人："我有能力承担自己的生命、决策，有能力面对所有的选择。"这是一个生命个体忠于自己方向的道路，是孩子成长为独立个体的最近的那条路。

同时，叛逆也是生命发展创造力的基础。每一生命个体都是独特的，每个孩子都蕴藏着天赋与才能。叛逆是激发孩子潜能与创造力、发现其天赋的基础。孩子的思维方式本来就比成年人更加丰富与大胆，处于叛逆期的孩子不再顺从父母的思维惯性，而是抛开父母的思维逻辑，自己进行发散性的思考与开新性的创造。这种叛逆有助于孩子拥有独特性、发挥潜能与创造力，合理引导，可成大器；方式不当，则酝酿悲剧。

既然叛逆期对于孩子的成长极为重要，那么一个孩子如果没有顺利地经验叛逆期,将会带来什么呢？如果孩子没有健康而完整地完成叛逆的过程,它会在很长时间内延续,当孩子长大成人,甚至到老年,都依然有可能还在叛逆期里。一个没有完成叛逆的成年人,最明显的特征是:情绪化、对抗,尤其是对于权威的反抗、抵触、怨气比较多等等,这就是俗称的内在小孩。

　　也就是说,虽然一个人生理年龄上已经到了成年,但是心智方面却仍然沿用自己在童年时期形成的模式。童年期的孩子,在与父母的互动过程中,都会形成一整套相对成熟与稳定的心智模式和行为习惯。这些就是掌控着人一生的一整套、固定的程序,就像人生剧本一样,决定了我们如何对外在的刺激发生反应。

　　当一个孩子没有完成叛逆,他在未来的生活里所表现出来的,仍然还是无法承担相应的责任,他的担当力非常有限。有一个非常明显的特征是,他的生活里无论发生任何状况,都是别人的错。一个没有真正成年的内在小孩,走上工作岗位,由于没有能力担当,无法承担那个位置。因此在工作互动中,也会不断地制造冲突。没有完成叛逆期的人,在成年以后依然以叛逆的态度对待生命、身边人和各种关系,甚至展示出较强的攻击性。这就是叛逆的味道,里面少了一些友善,多了一些暴力。

　　在现实生活里,如果我们愿意去观察,随时都能看到很多人还处在叛逆阶段,并不是一个真正意义上的成年人。这个世界是属于成年人的世界,一个真正从叛逆期走过来的人,整个过程完成得会比较圆满或健康、完整,并在这个过程中充实自己的力量,开始去做自己,忠诚于自己的方向。生活里最容易看到的表现就是:他们有决策力、有担当、负责任,在关系中配合意识强,更多的是合作而不是对抗。

在孩子叛逆的过程中,家长需要做点什么?

叛逆带来的影响,往往不是来自叛逆这件事情,主要是因为我们对叛逆的误解或陌生。孩子到了某一个年龄想做自己,想做一些不一样的事情。在这时候,孩子本身都是无意识的,叛逆也就是无意识的。孩子在叛逆期里,并不知道自己是在叛逆的过程中,只是觉得自己在某一个阶段面对父母时,在时间、空间、情绪、行为、事件等方面总是与之发生很多冲突。在这样的状态下,不如意与冲突是一定会发生的。而叛逆不是不孝,请家长们放松,去了解、消除对叛逆的误解是非常重要的。

请各位家长能够通过学习,去了解一个生命的整个成长过程,了解叛逆的功能、作用、价值带给生命的帮助。这是生命成长的必经过程,没有人可以绕过这个部分。

在此过程中,如果父母能够有意识地陪伴孩子完成叛逆,孩子生命的成本会节约很多,不至于付出太多代价。叛逆期的孩子是在发动一场独立战争,家长要努力与他成为战友,而不是敌对方。这样才不会让孩子觉得孤独和不被理解，如此也更有利于他们成长。

其实，家长如果能适时地在这个过程中，对孩子加以正确引导，让孩子也能明白叛逆的作用、价值、意义：叛逆真正的方向不是对抗，而是自主，这是完全不一样的方向。孩子经历叛逆，只是想摆脱父母的控制。如果孩子不懂如何智慧地叛逆，只是简单地对抗，一味地说"不"，这又陷入了另外一种被控制的局面。有时候，父母想让孩子向东，却故意和孩子说西，反而可达成目标。因此，父母应该讲究导引技巧，让孩子也了解叛逆，产生独立的思考，而非简单的对抗，将有助于孩子更平和地度过叛逆期，少一些冲突与伤害。

家长以这样的态度和定位，将会支持孩子顺利度过叛逆的过程。叛逆原本不是一种对抗，它只是善意的一种特殊化表达，是对于自己生命和目标的忠诚。在这里，没有抗拒与冲突，只有爱。

（九）离异家庭的亲子关系

孩子一出生就从父亲那里得到一半，从母亲那里得到一半。从某种意义上讲，父母在孩子的身体里真正地实现了合而为一。每个孩子的内心都有一个梦想，就是希望父母永远活在自己的生命里，并且永远在一起、不会分开。但是也许由于性格不合或其他原因，现任伴侣也许就会成为前任伴侣。

在离异家庭里，争执最为惨烈的常见问题之一就是抚养费的问题。婚姻解体以后，父母任何一方的离开，都会让孩子内心产生强烈的缺失感和空虚感，对孩子造成心理创伤。要求家长们正确面对离婚对孩子的创伤，离婚从来不是问题，关键是离婚的质量。在系统动力科学的角度，提倡孩子跟随同性别的父母，或者对对方抱怨较少的，更能陪伴、支持、协助孩子的那一方。夫妻离异时，切勿为难孩子，让孩子选择跟随哪一方生活，要求孩子做这样的选择，无异于摧残孩子的心灵。毕竟离婚行为只要产生，孩子所面对的最大考验是关于"接受"，而非选择的问题，因此即便父母离婚，也尽量不要因为上述问题给孩子带来二次伤害。

再有，无论离异的夫妻之间有多少怨恨或矛盾，也不要将这样的情绪传递给孩子，不要在孩子面前控诉彼此，甚至对簿公堂，这些对孩子都是重创。离异后的父母，如果能在孩子面前多赞赏对方，将适当降低父母离异对于孩子的身心创伤。

当与前任伴侣的缘分结束了，他们就从伴侣关系，转化成以孩子为纽带的一种合作关系，一起合作抚养孩子。如果对前任伴侣、对曾经发生的事情给出尊重、感激，不仅是对下一段关系的助缘，也是对自己生命的一个尊重，这样对于孩子也都是有百利而无一害的。

　　关于抚养费的问题，也是父母二人共同承担为好。如果单方放弃支付抚养费，相当于放弃父母的身份和位置，勿因大人的恩怨而迁怒于孩子。家庭离异对于孩子的创伤，如何降到最低？须知：有恩则无怨，宜带着感激去圆满和前任伴侣的关系。

　　当与前任的伴侣关系结束以后，也许会形成一个崭新的伴侣关系，这些事情会对孩子产生较大的心理影响。家长在此过程中，要允许孩子有一个适应的周期，不要强迫孩子去接受，甚至亲近新的伴侣。前一次的婚姻失败，是父母的问题而非孩子，所以此时的父母已不必再要求孩子这样做。

　　崭新的关系带来了新的家庭序位，这是需要重视的一点。对待前任伴侣，首先要给出一个正确的位置。也就是说，在家庭里，前任伴侣的序位在现任伴侣之前。其序位由进入这个家庭的时间轴决定，依次是前任伴侣、与前任伴侣生育的孩子、现任伴侣、与现任伴侣生育的孩子。看见、承认、接受正确的序位是非常重要的法则，对整个家族的平衡与完整，对于后代的幸福都有至关重要的意义，不容忽视。在离异的伴侣关系中，请孩子自主选择对前任伴侣、新伴侣的称谓，让孩子慢慢接受，是各位面对此类问题的家长要学习的智慧。

　　父母的功能是要协助孩子做自己，协助孩子发现其天赋。善待孩子走自己的路，不能因为孩子小时候摔过跟头，就给他一辆轮椅。每个父母都希望用自己的方式塑造孩子,逼着孩子走父母想走的路。孩子是父母的复印件,是伴侣关系的镜子,照见父母与原生家庭的关系,照见伴侣关系的状况。如果不改造原件,只改造复印件,于事无补。

孩子往往是家族中最有爱的那个人,孩子总是希望帮助或拯救父母而牺牲自己,甚至不惜付出生命。与父母互动的关系,会形成自己的心理、互动、行为模式,对整个世界的认知,对自己一生都有影响。如不能与父母有圆满的关系,我们会将自己与父母的不圆满转嫁到孩子身上,亲子关系也会付出一定的代价,如此恶性循环会破坏家族系统和谐,并使自己受苦。

德国诗人歌德曾说过:"主宰世界的有三个要素,那就是智慧、光辉和力量!"奥地利心理学家弗洛伊德也曾说:"冷静思考的能力,是一切智慧的开端,是一切善良的源泉。"一个人是否拥有智慧,与积累多少知识无关,拥有知识的人不一定拥有智慧。对于拥有智慧的人,最简单的判定标准就是,在关系中不会怎么受苦。

四、财富关系

以金钱为代表的财富问题,是一个令人兴奋的话题,也是一个令人期待又伤脑筋的话题,下面我们一起来尝试着探索这一课题。金钱是一面镜子,让我们有机会开启内在的大门、深入意识的世界。首先,想问一句:"您们爱钱吗？真的爱钱吗？"不要急着回答,无论答案是什么,都请先连接上那个感受,将之放在心里,再慢慢去体会。

（一）什么是财富

按照金融学的定义,货币是为交换物品或服务而创造出来的媒介。早期的货币是贝壳等物品,后来才逐步发展出金属货币、纸币。其实,金钱或者说财富,是我们与世界互动、交换信息的方式,也是一种能量。在开始阅读之前,请先思考一下,对于一棵大树而言,财富是什么？同时,对您而言,财富是什么？

先来梳理一下我们关于金钱的一些必要的认知与信念:

1. 您真的了解金钱(相关的法则、关系、来源等)吗？

2. 您和金钱的关系和谐吗？

3. 您真地爱钱吗？

4. 您觉得赚钱是轻松的事儿吗？

5. 当大笔金钱来到面前,您是以欢喜的态度,还是其他态度面对？

6. 您知道怎样才能吸引到更多的金钱吗？

在对这些问题的思考中,想请大家搞清楚一件事:您爱钱,全世界都知道。为什么您这么爱钱,现在却与钱的关系还不是特别和谐。其实,这不是钱本身出了问题,而是您内在对于钱的态度、认知出了问题。因此,我们想通过这些问题,引起您更多的思考,也许您会发现很多以前被忽略的事情和意想不到的事情。

关于财富是什么的问题,金钱、事业、健康、资源……所有答案,都是正确的答案,然而财富并没有标准答案。有什么不是财富呢?一念之转,别开生面。您所经验的一切都是财富。曾经不以为然的,曾经习以为常的,曾经深以为恨的,那些发生对于您的生命难道不都是一种助缘?难道不都是一种财富?

财富是美好的象征,是宇宙间流淌不息的一股正能量。"财"是自身所拥有的,"富"是丰富充裕、让人满足的状态。所以财富二字,并不仅仅是金钱和物质。精神饱满、身体健康、活力充沛、人丁兴旺等等,都是财富。然而习以为常的,财富还是以金钱为代表。

财富的内涵是宇宙与心灵共振,自本源而衍生的美好能量。财富的外延是涌动在生命之间,支持生命存在的所有资源。金钱只是财富的一种呈现。创造财富,并不是讲如何多多赚钱,而是感恩所有,接受所得,看见丰盛,容纳更多。传承财富,并非只是广厦巨款,更重要的是善业德行及其所赋能的生命体验。这是爱的传承,而不仅是金钱的遗产。只有在这样美好的传承下,我们才有力量去创造,而我们的创造,也只有通过这样的方式去传承!

(二)了解财富关系的本质

我们从小就开始接触金钱，长大后为了生存、生活，也在不断地追求金钱。但是请问："您真的了解金钱的本质吗？"金钱的本质是物质能量，人的本质是意识能量。人类创造金钱与财富的过程，也是意识吸引与创造的过程。这个世界有两种能量：拒绝与排斥的能量、吸引与创造的能量。在面对金钱时，若不能妥善运用这两种能量，或者压根儿就不重视其影响，则必然会不利于我们与财富之间的关系。

我们一起探讨金钱的问题，不是要成为您的理财顾问，而是与您在心理和意识层面探索生命中深层的奥秘。金钱是一扇门，探索人与金钱的关系，本质上就是探索您与自己的关系。只有当您与自己的关系出了问题，您与金钱的关系才会变得不和谐。如果您爱一个人，是不是会将自己喜欢的东西或您认为最好的东西送给他？也就是说，当您真地爱自己，就会将全世界最美好的东西送给自己。因此，您没有将美好的金钱送给自己，也说明您与自己的关系出了问题。

探索人与金钱的关系，也是探索完整的内心宁静之路的途径。通过金钱这面镜子，可以开启内在的那扇门，让您有机会看见、挖掘意识的深处。每个人都渴望内心的安宁，然而心安不是一个学来的或外在努力的结果,不是向外可以寻找的结果。心安是生命本有的状态,当内在不被打扰,没有外在干扰的时候,就是心安。拥有足够多的金钱,不是获得真正心安的途径。但是探索金钱的过程,却让我们得以深入意识深处,回到心安,走上内心宁静的道路。

从受苦的角度看,有钱人和没钱人体验通常是一样的!没钱人愁吃什么,有钱人也愁吃什么,他们的愁是一样的;没钱人担心钱不够花、生活难以维系,有钱人担心资金周转不了、生意难以维系,他们的担心是一样的;没钱的人怕得不到,有钱的人怕失去,他们的恐惧是一样的;没钱人想赚钱,有钱人想赚更多钱,他们的匮乏是一样的;没钱人忙着赚钱,有钱人忙着赚更多钱,他们的忙碌是一样的;没钱人的生活压力很大,有钱人的生意压力很大,他们的压力是一样的;他们对于未来,都有很多担心,他们的焦虑是一样的。有时候,看上去好像是钱在困扰我们,其实还是人的问题!

(三)获得财富的方式

关于财富有三种得到的方式。第一种是:生而得之。这是不用通过努力就可以拥有的,也就是家族或祖先积累而传承下来的部分。《周易·文言》"积善之家,必有余庆",说的就是这个现象。对于这部分财富,我们无需努力,只要学习如何维持即可。还有句古话是："富不过三代。"这不是在讲一个客观规律，而是旨在说明后代要学习维持家族的传承，才能创造和积累更多的财富。

第二种得到的方式：求而得之。这是通过向外创造而得来的部分。但是向哪里求？这才是值得深思的问题。通常我们都会向外求，会很辛苦地向外努力去追求。前面也提到了解金钱，其实是一个向内探索的过程。因此，真想得到金钱，不仅要向外求，更要向内看，看见我们的内在发生了什么，才会拒绝或破坏金钱这类美好事物。

第三种得到的方式：明而得之。通过学习，了解金钱的本质、奥秘等关于金钱的实相。当通达了这些事理，会让我们对金钱的认知来到清晰层面。我们与金钱的关系，才有机会更加健康。

《周易·象传》云："地势坤，君子以厚德载物。"这是说，君子的度量像大地一般深厚宽广，任何东西皆可容纳承载，能够兼容并包看似水火不容的正反两方面的人、事、物。这意味着，想要有"载物"的福报，必须有"厚德"，即不断提高自身的道德修养，积累足够深厚的功德，才能拥有自己所承受得起的一切美好事物。若是德（得）不配位，则迟早遭殃。"厚德载物"塑造了中国人博大、宽厚、务实的精神风貌。"厚"在这里是动词，指积累的过程。当您不断深入探索金钱，就有机会了解生命的博大宽厚，进而发现身边的一切都是圆满和神圣的。

上述获得财富的方式可概括为三种：积累＋创造＋转化，这样就可以创造更多金钱。积累源自于祖先、家族的传承，就是生而得之的部分。创造是表意识加潜意识创造而来的部分，也是求而得之的部分，这是最具创造力的部分。如果想创造更多金钱，就要深入探索表意识与潜意识，才有机会创造。第三种是可以通过学习转化的部分，也就是明而得之的部分。通过认知和意识的转化，可以创造更多财富。

在这里与大家分享一个实相：金钱不是通过对抗性竞争而得来的，有些人强调要通过你争我夺才能获得成功和更多的财富。这会令我们陷入"我"或"你"的二元对立当中，而且这种对立从小到大充斥社会的各个角落。其实，这个世界是无限的，财富也是无限的，更多的金钱只有通过"我和你"的对立统一才能创造出来，唯有和谐与平衡才能创造更多的金钱。

(四)财富的法则

法则，可以被视为一种具备普遍影响力的规律。宇宙有其自身规律，比如行星的运行轨道、地球上万物生长的周期等。同样，金钱也有其法则，正所谓"君子爱财，取之有道"。

第一，显化法则，也就是有求必应法则。俗语说"人有所感，天有所应""心想事成"，就是这个道理。上天有好生之德，当我们内在真的有需求,宇宙必定会显化出来。人有所感,心想事成,说的都是一回事。这是指心想,而不是脑想。当我们连接上更深的意识、更大的系统背景与力量,我们就有机会创造出无限。

第二,无限法则。宇宙是无限的,金钱也是无限的,无限供应,丰盛而又充裕。但是无限的东西,到了我们这里怎么就变成了有限?这是值得我们去探索的内容。后文我们会继续探索这个部分。

第三,活力法则。金钱是一种能量,既然是能量,就不是固化的,一定是流动的、有活力的。只有能让金钱充满活力与创造力的人,才有机会吸引更多金钱。

第四,吸引力法则。《秘密》一书介绍了吸引力法则。简要的说,一个人的能量场产生的内在震动频率,决定了您是否吸引金钱。当一个人的能量场与金钱的能量场相符时,自然就会吸引金钱。如果内在与金钱的能量场不相符时,就会拒绝金钱。

一个人的能量场,就是人的内在状态、生命状态、起心动念、对自己的态度、情绪、匮乏感、满足感(富足吸引富足,匮乏吸引匮乏)、罪恶感、对金钱的认知等等,这决定了内在的振动频率。金钱的能量场,呈现的是一种恒常的喜悦状态,没有受苦、制约、恐惧。这也是智慧人生的方向:爱、喜悦、自由。当内在状态与之相符,一切美好事物都将在我们面前显现。但是是什么限制了我们的吸引力? 又是什么影响了我们内在的振动频率? 这些内容我们会在后面的分享里再探讨。

如何做到心想,而不是脑想?我们都知道,头脑是思考器官,而不知心脏也是思考器官,它有自己的电磁场,散发出一定的电波或频率。我们与人、与世界的交流,就是通过心与心交流的编码。所以了解心脏这个重要的生命器官,是非常关键的。

第五,流动性法则。金钱是一种能量,本身就是充满流动性的。不要将金钱只变成银行里的存款数字,让金钱更有创造力地流动出去。金钱是通过人流动出去的,只有有机会惠及更多的生命,才能创造更多的金钱。当您让更多生命熠熠发光时,才会让更多的金钱向您流动过来。

第六,平衡法则。财富通过人创造出来,又通过人流动出去。当人与人的关系平衡,也就是人与自己的关系平衡、与男人的关系平衡、与女人的关系平衡,人与金钱的关系才会平衡,才有机会吸引更多财富。中国传统文化特别强调平衡,如中医强调阴阳、气血、身心的平衡。平衡这两个字有极其神秘而深刻的内涵,值得我们深入探索。

(五)"认知"如何影响财富关系

从上述金钱法则里,大家可以看到一个实相,即我们的表意识、潜意识会参与金钱的创造,尤其是潜意识。根据吸引力法则,当一个人的能量场与金钱的能量场振频相符时，才可能创造更多的金钱。能量场指人内在的场域，这又是由什么来创造的呢？认知对一个人内在的场域非常重要，所以我们先来探索认知是如何影响金钱关系的。

认知会带来内在的感受，感受是一种振频，吸引外在的发生或事件。这些发生会让我们重复经验以往的感受，同时强化我们的认知。这样循环往复，不断地轮回和重复。也就是说：认知可以创造金钱，也可制约、限制金钱。

那么我们的认知是如何创造出来的？简单来说，表意识、潜意识共同创造出认知，认知会引发我们内在的感受。当面对金钱时，我们常说"我们爱钱，我们想要钱，我们愿意创造更多金钱"。其实，这些意愿均来自于头脑，只有内在的潜意识支持意愿，才能实现。感受是我们连接宇宙的核心点，是我们与世界连接的大门。我们连接这个世界的媒介是通过身体。那么我们如何了解自己的感受？认知是什么样的？通过觉知，连接身体，才更容易看见感受。通过熟悉与探索，看见自己的认知，这包括表意识与潜意识的两方面认知。

认知是一种思维方式，认知积累多了，会逐渐形成更加固化的信念系统。认知对于创造金钱很重要，因此有必要梳理清楚自己对金钱的认知。

(六)转化财富关系的关键

转化财富关系的关键因素及具体方式有:和气生财、族群影响、父母关系、爱上自己、限制性信念、清理罪恶感、转化匮乏意识、生命的整体成长或成熟。下面分别探索一下这些因素。

第一个转化财富关系的关键条件是:和气生财。"和气",是指情绪的平和,这也是中国传统里着重强调的部分。情绪是一种人类生命个体与生俱来地感受事物的能力,是人类最基本的情志能力和感受事物的媒介与反应,也就是说,人活着就会有情绪。情绪本身并不可怕,但是未被完整经验或清理的情绪,淤积在身体里就会产生很多影响。情绪淤积是破坏金钱关系的"头号杀手",会直接影响内在的振频,也就是影响我们内在的振频与金钱的振频不再同频。

面对情绪,我们能做些什么呢?其实,情绪本身并不可怕,对于情绪的陌生才是最可怕的。因此,我们首先要了解情绪的内容、功能、来源与影响等关键要素。情绪只是生命的本能,是为保护生命而产生的一种自我防护机制。只有深入了解,才可能接受情绪,接受情绪才有机会清理并转化情绪。人们面对情绪的方式有:压抑与逃避、释放或经验、内在转化、通过科学的技术方法去清理与转化。

转化财富关系的第二个关键条件是：族群的影响。家族系统动力科学对这个部分有科学而系统的探索。也就是说，家族系统的事件，对于后代族群的金钱会产生至关重要的影响，这些需要系统性的梳理与探索。我们可以试着制作族谱，这有助于了解族群的发展脉络，联系原生家庭的情况，科学地分析阻碍金钱流动的条件和原因，以及制约金钱流动的障碍或动力。

转化财富关系的第三个关键条件是：父母关系。在生命之树图中显示，与父母的关系是我们人生中第一段关系，我们与父母相处的方式、态度，决定了我们生命中所有关系的质量，同时也决定了我们与金钱关系的质量。父母才是我们的财库，圆满与父母的关系，使我们靠近金钱的实质。

转化财富关系的第四个关键条件是：爱上自己。金钱是一种美好的能量，也是一扇门，让我们有机会深入自己的内心，了解对于自己的态度或看法。当我们有机会了解自己，看见自己深层意识对自己的认知，看见人性的两面（正面或负面），才会深爱自己。这时，您才有机会转化对自己的认知，从而爱上自己。

转化财富关系的第五个关键条件是：限制性信念。对于认知与信念系统的梳理，前面已经介绍过，就不再赘述了。认知制约了我们的金钱观、制约我们创造财富的能力，看见并深入了解这些认知，才有机会转化认知，从而将其转化为财富。

转化财富关系的第六个关键条件是:清理罪恶感。每个人内在都有"良知",也就是让人心安理得,或愧疚不安的感受。让人心安理得、过得去的部分,称之为"清白感"。而让人愧疚不安、过不去的部分,称之为"罪恶感"。

个体良知不是以道德标准来判断是非对错,而是服务于归属感。归属感协助生命个体与家族保持紧密的联系,从而带来更多安全感、轻松感。当我们内在积累过多罪恶感时,就会对关系造成一定的破坏:首先破坏的是金钱关系,其次是人际关系,进而会破坏身体与健康。罪恶感会带来"我不配",即我们往往会用不配得到来拒绝金钱,这是极其暴力的拒绝方式。

清理罪恶感对于创造更多的金钱,是非常重要的。罪恶感是头脑创造出来的,因此,了解头脑、了解意识科学,对于我们创造财富非常重要。本丛书对于脑科学、意识科学会有系统性的介绍,并有一系列清理罪恶感的方法,比如忏悔、感恩、内观等方法,邀请大家一起来深入探索与学习。

转化财富关系的第七个关键条件是:转化匮乏感。面对财富的态度就是面对生命的态度。我们的头脑只是生存的工具,头脑出于生存,总是处在生存的恐惧中,也就是怕不够。对于头脑而言,有多少都是不够的,其核心就是匮乏。匮乏分为五种类型:

第一是生理上的匮乏,也就是冷、饿、困、性等基本的生理需求。

第二是物质上的匮乏，比如对于食物、金钱、衣服、物品的匮乏。出于这样的匮乏，我们就会不断在物质层面上追求，购物狂、屯积物品的行为背景都是出于这种匮乏。

第三是情感上匮乏。人从一出生就渴望着无条件的爱、渴望被关注、渴望自我重要性等等，小时候渴望得到父母无条件的爱，成家后渴望得到伴侣无条件的爱。如果没有心灵成长，一生都将陷入这样的匮乏中。

第四是知识、心智、头脑上的匮乏。头脑出于生存的需要，有时会通过不断地储存知识，以弥补这种匮乏。

第五是灵性的匮乏。当人类出现这种匮乏时，会陷入无意义感的挣扎中。但这类匮乏也会让人们有机会成长，实现心灵的成长与成熟。

按照吸引力法则，当一个人内在充满了匮乏感，匮乏会吸引匮乏，只能创造更多的匮乏，这会阻碍达到拥有更多财富的目标。即便当您拥有了很多财富，也不会满足，一生都将生活在无法满足的匮乏感中。

我们该如何转化匮乏感？首先是看见宇宙的本质是丰盛的，金钱的本质也是丰盛的。其次是看见自己内在的匮乏，如何阻碍自己创造丰盛。只有看见自己内在匮乏的背景与实相，才有机会转化匮乏,转而创造更多丰盛。

(七)财富的终极秘诀

如何创造丰盛? 至少可从三个方面下功夫:首先,要看见自己已经拥有的。当看见自己拥有那么多的时候,生起的感受是不是就是满足? 其次,看见自己每天都得到那么多,要生起感恩心,不断的感恩也会为我们带来更多满足。再次,以付出、给予的方式奉献给别人,去支持和惠及更多生命。当以付出的方式支持别人时,您的内在就是充实和富足的。

当一个生命的状态发生整体转化,走上心灵探索与成长的道路时,在能量层级提升的同时,实现意识层级的提升,这样内在也会充满富足感。一个心灵圆满的生命,一定会将自由、美好的东西全部供养给自己。一个生命爱上自己,看到自己生命的神圣,看见一切都是神圣与圆满的,又怎么会在财富层面匮乏呢?

面对金钱,有些秘诀需要知道。一是,金钱的去处决定了金钱的来处。金钱通常有两个出口:创造性消费和消耗性消费。消费时的态度决定了财富是增加还是减少,值得注意的是,消费也是创造的过程、升值的过程、创造财富的过程,这取决于您用什么样的心态消费。创造性消费是一种支持与服务的态度,具有正面价值,用这样的正念消费,一定会创造更大的价值。在消费时,只要和金钱产生深深的情感与连接，消费的过程就注定是丰盛与喜悦的过程，这也是创造性消费的本质。

相反，当消费时只是盯着自己付的钱，因为消费而感觉到自己的钱减少了。这种状态会让内在产生失落感和无力感，这就是消耗性消费。只有当内在充满了喜悦、丰盛、富足的振频才能创造更多，而消耗性消费只会带来更多匮乏感，其结果是拒绝金钱。

二是，自然法则会将金钱交给拥有更多创造力、利益更多生命的人！宇宙无论创造什么，都要通过人去创造，创造财富也不例外。因此，在这个世界上，财神也是人。我们最应该感恩的应该是人，而不是神。当以服务的心态，而不是以剥削的心态去创造财富时；当发心无论做什么，都利益更多的生命时，我们才是一个连接源头的干净通透的管道。在利益更多人的同时，内在的德行就会逐渐积累，才能承载更多美好、圆满的事情来到自己身上。祝福所有的读者都能实现：厚德载物、厚德载道。

综上，智慧人生文化从关系入手，通过明确关系的意义，帮助人们更好地定位自己、处好关系、实现人生价值。一个人生活在这个世界上，处于各种社会关系的网络之中，天天面临一些需要处理的关系。这些关系如何，直接影响着人们的生存质量，影响着事业的发展进程。生活中难免要与各行各业、各色人等打交道，要协调处理各方面的矛盾问题，这就需要讲方法、讲艺术。雷锋说，一个人生活在这个世界上,是为了让别人生活得更美好。我们只有站在更高的层面上,才能把握好与全社会的关系。背负青天朝下看,感受世间烟火的温度;自信人生二百年,充满创业奋斗的豪情。一个人之于社会,犹如一滴水之于大海。水滴只有汇入浩瀚的大海,才能永不干涸。做为个体的人必须敬畏自然、感恩社会、融入社会、奉献社会,才能找准人生定位,迈向天和、地和、人和、己和的境界。

第五章

生命的意义：各归其本，接纳一切

生命是一段美好的发生，身心脑是体会和认识这段历程的重要工具。身体是承载生命的容器，头脑是身体的一部分，离开身体，头脑便无法存活。若想更好地深入探索生命的意义，就要清晰地了解头脑，更要有健康的身体。身体能量都是条理分明的，我们支持身体能量的方式，或者是通过深度的睡眠，或者是通过深度的放松，或者是通过有效的锻炼……我们能做的，其实非常有限！但是在破坏身体能量方面，我们能做的却是无限的。无论是有意还是无意，身体对生命无限的慷慨与善待，总是敌不过头脑对欲望肆无忌惮的姑息放纵！

头脑是服务于生存的工具，我们在这里所学的，是关于如何使用头脑。其前提是，首先能清晰地看见头脑在怎样地使用我们。这一过程需要花很长的时间，最后一步才是如何使头脑变得平静。通过练习静心、放松、满足、正念等方法，我们很快就会发现，这些功课其实就是每一天的日常生活！

当我们头脑的力量,愿意同天地间永恒的力量、法则进行合作的时候,我们的心灵才有机会到达终极的平静与放松,那些莫名的压力与焦虑才会消失,我们的创造力就有可能发挥到极致。同时,这份连接解决了我们最终极的孤独感,我们也会在这种合作中,看清微不足道的自己。这样的体会绝不是谦卑,而是清晰！这样会帮助我们实现生命的意义:各归其本、接纳一切。

一、如何认知自己

(一)头脑的运作程序

每天清晨,大脑总是比您先醒来,悄悄打开记忆,让您想起自己是谁、睡在哪里。然后在唤醒身体的同时,它也全面开动:

今天几月几号、星期几? 爱人孩子和家,何事需要处理? 爸妈那边可好,何时有空联系? 工作待办事项,朋友谁要来访? 天气什么情况,出门带什么东西?

每天都是如此,生活的事项千头万绪,复杂的关系千丝万缕,纷纷扰扰一辈子,没有一刻停息！这就是我们的"头脑",它像生物电脑一样,为我们的生命执行一套固定的运作程序。不同的性格,不同的逻辑,不同的认知和判断,不同的思考和分析,不同的价值观念、衡量标准、偏好嗜好、审美旨趣……每个人的认知程序都独一无二，每个人的编程都自成体系。

那么问题来了：您的大脑主程序是什么？您是否有意识地去探索过头脑的运作？您为什么会被某些事激起强烈的情绪？您的程序如何处理生活关系？比如，为什么和爱人有观念冲突，和孩子不对脾气，和父母难以沟通，工作伙伴总是制造麻烦？您的头脑对于金钱如何反馈？钱不够多，就没有安全感；不想虚荣，却忍不住攀比？别人升职加薪，让您觉得心烦；别人买了新房，您却垂头丧气？最后，您懂得那么多人生的道理，可生活为什么还是有无尽的苦恼？大脑为什么不按照最理想的方式去运作呢？

其实这些问题都是由头脑本身制造的！陌生程序在头脑里运行，我们对此不能一无所知。如果想建房子，先要学学建筑知识；如果想打网球，也要有教练指导练习；如果想做美食，总得熟悉一下菜谱。可是人们大都对生命茫然无知，却已经"无照经营"了这么多年！

生活的问题不可怕，可怕的是沉溺其中，却习以为常，没有一丝挣扎的勇气！"身在苦中不知苦！"生命就会被拉到很低的状态，往后余生，真地就要如此度过么？生命还有没有新的面貌，有没有其他的可能？

作为智慧人生文化的入门书，我们可以想象，看这本书就是输入一行代码,向我们的生活发出一段信息,测试自己的生命程序。当我们接收到反馈的一霎,生命就打开了一个窗口,呈现出让我们泪目的实相! 原来,那些年所有的抗争、所有的委屈,都是来自原生家庭沉重的背负! 所有想要忘记和难以忘记的,都还潜藏在生命的背景里影响着您!

研究人的心灵与意识就像剥洋葱,每剥一片都会让您泪流满面。随着不断深入探索,您才有机会看得懂头脑和心灵里的发生,才有机会成长。开启智慧人生,我们才有希望看见,潜意识强加于己的束缚、半生里屡蹈覆辙的模式和一辈子跨不过去的沟坎;我们才有希望看见,未来可以选择的道路,从当下的起点出发,朝向爱、喜悦、自由的人生! 我们才有希望看见生命无限的可能!

(二)了解自己的内在

智慧人生文化强调从三扇门:身体、意识、心灵来深入,也就是从身、心、脑三个方面展开对自己的探索和了解。比如,身体和意识、心灵的关系是怎样的? 意识、潜意识是如何在身上留下了痕迹,又储存在身体的哪个部分? 身体的症状和心灵、情绪的关系是怎样的? 自己的情绪又是从哪里来的? 当自己对孩子发脾气时,真与当下这个发生有关系吗?

再深入自己的模式。看看自己的核心模式有哪些? 自己在与他人的互动里是怎么样的？讨好，求认可，拯救，还是受害？自己是不是在所有的关系中制造同一种模式？自己的模式又是如何形成的？与父母、童年的关系是什么样的？

如果可以深入自己的"内在小孩"，看到自己虽然看似已经成年，但似乎仍旧卡在了童年的记忆或创伤里，这样难免会拼命在各种关系中要爱和关注。再如，若童年经历过性别期待或亲子关系中断，会对自己的未来或事业带来什么样的影响？

当我们交流这些的时候，有没有觉得自己如此陌生？我们常说，要寻找那个陪伴自己一生一世的人。其实这个人不是伴侣，而是自己。对这一不离不弃、陪伴您走完一生的生命体，有必要去认真探索、去看见、去了解，真正爱上这个陪伴您的人。

二、做情绪的主人

如果说，头脑是每个人的运作程序，情绪就是人一出生就已预制的"软件"，是由事物、现象引起的主观心理活动模式，服从于生存，服务于生命。面对情绪，我们应主动了解、全然接受，而非排斥。

据世界卫生组织（WHO）于 2017 年发布的《抑郁症及其他常见精神障碍》显示，全球有 3.5 亿抑郁症患者，每年因抑郁症自杀死亡的人数高达 100 万。我国的抑郁症患者人数达到 5400 万,他们长期生活在身心煎熬中,而失眠是抑郁症患者最大的共性。其中,女性抑郁症的患病率是男性的 2 倍,大学生的抑郁症发病率高达 23.8%。

这些数据说明现在越来越多的人被情绪所困扰, 近些年来,我们经常听到一个名词叫"情绪病"。甚至许多心理学家认为,心理疾病就是一种特殊的情绪疾病。生活中,不仅仅是家长被情绪困扰,越来越多的孩子,也不同程度地出现焦虑、恐惧、抑郁等情绪问题,而且这一现象呈现出低龄化趋势。

情绪是一个大话题,值得我们去深入了解。关系的质量和情绪密切相关,关系会影响情绪,情绪的积累也直接决定了关系的质量。可以说,情绪与我们的生命、关系、健康等方面息息相关。在这里,我们试着对情绪作一些探索。

(一)为什么要深入了解情绪

前文探讨关于亲子、伴侣、财富等关系的课题,不知读者有没有发现关系中的冲突多与情绪有关。确切地说,是和过去的记忆、创伤、事件有关。很少有人可以活在当下,我们总是被过去纠缠着。过去虽然已成为历史,但其影响却延续到现在,甚至是未来。

现代医学临床研究发现,疾病和情绪有很密切的关系,积累的情绪不仅会影响人们的心理健康，也会影响到身体健康。因此，从某种意义上说，积累的情绪已成为导致疾病的主要因素之一。情绪在一定程度上破坏了各种关系，当我们努力想改善关系时，可以先从了解情绪开始。

　　请试想一下，当您今天由于工作疏忽，被领导臭骂了一顿，甚至扬言再出现这种情况就要开除。下班后，您是否真能放下工作中的一切，就像什么都没有发生一样，带着愉悦的心情回到家里？多半情况是，您会带着委屈和沮丧的心情回到家中，当与伴侣互动时，如果触碰您的"开关"，您也许会将这些情绪一股脑，甚至连本带利地发泄在伴侣身上。其实，并不是伴侣的行为真地让您产生这么大情绪，他们只是按动开关，带出来您积累的情绪罢了，成为您宣泄负面情绪时的受害者，遭受无妄之灾。

　　情绪真是个非常重要的课题，情绪的稳定是创造身心健康、关系和谐的基础，让我们一起来深入情绪，探索情绪。情绪为什么会给我们带来困扰？主要是源于对自身情绪的陌生，缺少对情绪的了解，从而对情绪产生了抗拒、迷茫，甚至排斥。当我们排斥情绪时，就缺少了对情绪的完整体验。没有得到完整体验的情绪，就会残留下来并储存在身体里，从而使人纠结、压抑，这样就会成为一个被情绪卡住的人。其实，情绪本身并不可怕，对于情绪的陌生才是最可怕的。我们对待自己和别人的情绪化反应，才是对各种关系影响最大的问题。

(二)情绪积累的负面影响

当情绪顺利经过、完整经验，没有残留时，不会带来太多影响。但是如果我们压抑、回避情绪，情绪将会带来很多负面影响：

一是情绪的积累会让智慧失灵。此处智慧，是指内在智慧或深层智慧。一个人是否拥有智慧，不取决于他积累了多少知识，而是取决于他对生活和世界的认知、与其他人相处的态度和互动模式等。当一个人被情绪控制着，一定就会失去智慧。无论是对亲密关系，还是财富事业乃至健康与生命，都会不顾一切地搞砸。

二是情绪的积累会影响人的健康，这也是非常直观的表现。情绪是心灵的呼吸，情绪的压抑对人的身心都会带来一定影响。无论是中医还是现代医学，都已经证实情绪和疾病之间确实联系紧密。中医有喜伤心、怒伤肝、思伤脾、恐伤肾、忧伤肺等情志致病的说法，正是对此具体的诠释。

三是情绪的积累会破坏关系，直接影响到我们同他人的连接。当一个人压抑太多情绪，得不到有效释放或表达时，生命会越来越缺乏流动性，内在积累更多的负荷，可能会加重自我封闭，不愿意与他人表达与交流，或者沟通时极易与人产生冲突。当他与别人的交流受到影响时，会对自己失去自信或正面认知，这在未来的人生中将会有更多负面影响。

四是情绪的积累会让我们的直觉力下降。直觉力是指未经逐步分析，仅依据内心的感知迅速地对问题、答案作出判断的能力，或者突然产生"灵感""顿悟"，甚至对未来事物的结果有"预感""预言"等。当我们失去直觉力，就会变得不敏感，对于自己的心理、感受、情感、情绪等等都会麻木，也对他人失去了感同身受的能力，甚至可能丧失"共情"的能力。这会将自己牢牢地困在作茧自缚的无形之网中，将自己活成一座孤岛，失去生命本有的活力与热情。

五是情绪的积累会让人失去创造力。创造力和直觉力相似，它们不仅在创造性思维活动中起着关键作用，还是生命长青、延缓衰老的重要保证。直觉力是一种心理现象，亦称第六感觉，这也是创造力的源泉。如果想让自己拥有更多的创造力，务必注意清理自己的情绪。当减轻了内在的负担，创造力就会自然而然地显现。

六是情绪的积累影响整体生命的状态。生命只有一个方向就是成长，对我们影响很大的情绪多半来自于童年的经验。当童年积累的情绪或未完成事件没有经过处理，就容易将一个人的生命状态卡在童年，这也是俗称的"内在小孩"。这个人就会以"内在小孩"的状态，与人、与世界互动，缺乏成熟、稳定的生命状态。最终，阻碍一个生命朝向幸福,也就是我们常说的"卡住了"。这会消耗我们的能量,让生命无法鲜活与绽放。

上述六种影响,前三种相对容易被察觉,后三种则相对不容易看见,而且更应该受到关注。

(三)情绪与身心健康

中华传统文化里,将情绪归纳为"七情",主要是指喜、怒、忧、思、悲、恐、惊这七种情志活动。中医证实七情与人体脏腑功能活动有非常密切的关系,引发疾病的五种根本情绪是怨、恨、恼、怒、烦。这五种情志对人的影响最大,是人对客观事物的不同反应。在正常的情绪波动范围内,一般不会使人致病。当情绪突然强烈或长期持续,超过自身的生理承受能力时,就会使人体气机紊乱,脏腑阴阳气血失调。而气和血是构成机体和维持生命活动的两大基本物质,气血失调就可能引发疾病。

我们常说身、心、脑是一体的,它们是一个共同的有机整体。当身体健康出状况时,我们很难拥有一个良好的心情,也就是说,身体不健康会限制我们的心灵与情绪,以至于陷入情绪低落或麻木的状况。情绪的低落会制约我们的意识与认知,这时想维持一个正念都是一件非常难的事情。意识层级的低落也会影响我们的身体能量,将身体能量拉得更低。关于能量层级的内容,请参阅下图:

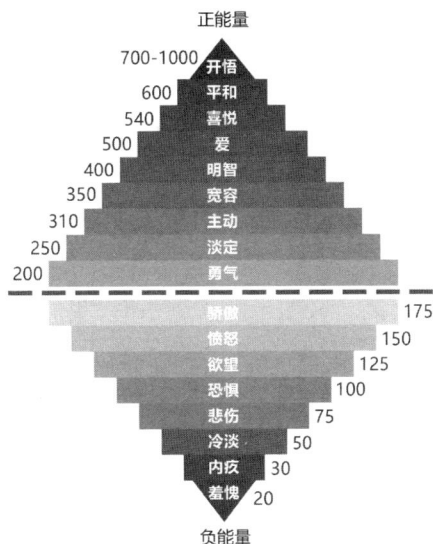

霍金斯能量层级图

保持良好的情绪对于维持我们基本健康至关重要，那些患有严重慢性病或长期卧床的病人，他们的情绪和认知往往会比较偏激，容易钻牛角尖。反之，当身体健康时，我们的心情往往也是愉悦的。这时我们的认知通常会非常积极与正向，这些正面信念又会促进我们更加健康，如此就形成了良性循环。

(四)情绪的来源、性质和作用

情绪是人类与生俱来用以感受事物的一种能力，就好比电脑出厂时，安装好的预置软件。也就是说，人一降生，就被预设了这样的程序与能力。情绪是精神意识对外界事物的反应,感知情绪、传递情绪都是一种本能,是人与人之间互动和交流的基础,也是人与世界互动的媒介。换一个角度来看,如果人类没有情绪,那生命又该是一种怎样难以想象的体验?

情绪也是我们生存所具备的基础能力。例如,孩子想吃奶就会哭,吃饱后就会笑。又如干活夹到手时,我们感受到钻心的疼痛,可能会掉眼泪,或疼得呲牙咧嘴,让我们陷入负面情绪。正因为这种事件的发生,让我们以后干活时,会特别小心翼翼,不要再夹到手。总体来说,情绪就是人类最基本的情志能力和感受事物的媒介与反应,影响人体的激素水平。这意味着,人活着就会有情绪,情绪是我们了解心灵和内在状态的一扇门。

我们会经常说到正面情绪、负面情绪,就好像情绪有好、有坏。我们不是不希望自己有情绪,而是希望只留下好的部分,如开心、喜悦等,扔掉那些不开心的部分,如愤怒、哀伤等。究其根本,情绪是不同类型的能量形式,无论喜怒悲欢,只是我们在经过不同的振动频率。因此,情绪是人类的本能,本身没有正面或负面,也没有好坏之分。也可以说,情绪是过往的积累被当下的发生激活的情志模式,是被头脑粉饰或包装的产物,是被头脑加工和利用的结果。

情绪只是来协助我们识别和正确面对外在人、事、物的方式和媒介，是为了保护人类生存、繁衍的方式。比如，倘若没有恐惧的情绪，当在丛林里遇到老虎时，就会因感受不到恐惧，而根本不知道要逃跑或躲开。甚至您可能还会迎面走上前，准备和老虎做个朋友。那么这样忽略情绪的结果是什么？想必读者已知道了吧，也许会成为老虎的一顿加餐。

情绪还可以协助我们掩盖和逃避一些东西。例如，掩盖我们内在的恐惧，协助我们逃避难以面对的哀伤等。人们常说不要被情绪所控制，要学会管理情绪，其实情绪是不可能被管理的，情绪只能被了解和体验。这意味着，情绪所带来的问题，是人类在识别情绪、面对情绪方面的能力欠缺导致的。

（五）情绪如何积累

了解情绪，首先要了解情绪是如何积累的。有些情绪承接于家族系统。家族中的长辈们由于某些重大事件而积累下来的情绪，储存于家族的集体意识里。这些情绪不会消失，只会向后代传承。孩子为向父母表达爱、忠诚、归属，而将父母的情绪背负在自己身上，潜意识里只是想表达："爸爸、妈妈，我要和您们一样。"祖先除了传承财富、智慧之外，也会将他们的情绪"模式"传承下来。

有些情绪来自于认同。家族中有长辈出于某种原因，被家族其他成员排除或忽略，家族的后代中就会有人，在不知情的情况下,被系统动力推动,认同这位长辈的命运,甚至包括情绪。比如,当我们有时会对自己突如其来的情绪感到莫名其妙,实在搞不清从何而来,这种情绪就有可能和认同有关。

上述两类情绪来自家族系统的长辈或祖先,而非当事人自身积累或形成的,下面这两种积累方式则直接来自当事人。

一种是后天创伤形成的情绪。例如:我们遇见过一位母亲,她总是对孩子发脾气,甚至打孩子。当孩子挨打并哭泣时,她又勒令孩子不许掉眼泪,若看见孩子的眼泪她就会更加愤怒。当我们与这位母亲一起探索根由时,她突然想起小时候,她母亲一直教育她要坚强,不能哭,哭是认输、示弱。当她哭泣时,往往得到的不是母亲的安慰,反而是更加激烈与严厉的指责。这位母亲不仅将她母亲灌输给自己的信念,牢牢刻画在脑中,而且还被自己童年未完整经验的情绪牢牢困住。当她有了孩子,孩子的事件与眼泪只是起因,勾起的却是这位母亲在童年时留下的痛苦记忆与信念认知。

另一种是未完整经验的情绪残留。例如:孩子在童年时期由一些重大事件造成的创伤或惊吓而形成的情绪。若幼年的孩子失去父母至亲,无疑是一种创伤。这容易使孩子敏感、脆弱,缺失安全感,对孩子未来的一生都会产生深远影响。

(六)如何合理应对情绪

当人们遇到负面情绪时,常见的应对方式是逃避与压抑。头脑的"出厂设计"是为了解决生存和传承的问题。为了生存,头脑会本能地趋利避害,当感受到危险或可能出现负面体验时,头脑会本能地拒绝充分体验,避免完整的经验。殊不知,未完整体验的情绪积累下来,破坏力会更强。这些压抑下来的情绪堆积在身体里,就像储存了一个定时炸弹,不仅对身体、关系等产生剧烈影响,还会诱发某些负面事情的发生。

排解情绪的有效方式就是去完整地经验情绪,用科学、安全的方法释放情绪。这种释放的过程是,让情绪完整地穿过您,主动地去体验情绪。怎么做到? 当情绪出现时,首先要连接情绪,放松下来,让自己进入感受的层面,允许情绪经过您。然后利用科学安全的方法,为自己修建一条属于自己的情绪通道。可见,完整经验与释放情绪,是最有效应对情绪的方法。

如果通过系统的学习实现了成长,我们的生命经验情绪的方式会得到彻底改善。情绪是我们体验这个世界的纽带,情绪不可能被消灭。当我们的生命成熟以后,情绪体验的方式会完全不一样,是完全有能力在内在进行转化的。智慧人生文化有一整套生命管理科学,通过身心的内外兼修,在提升能量层级的基础上,提升意识层级,最终让我们体验情绪、体验生活、体验生命的方式都得到改善。

通过系统性的学习,可以让我们提升识别情绪的能力,也就是看见的能力。在智慧人生文化里,看见是唯一的工具,看见是第一步,也是最后一步。情绪不能被管理,只能被了解。情绪是一个非常重要,也是非常复杂的大话题,很难用这几页纸就诠释清楚。这只是粗浅的介绍,目的是想带大家初步了解情绪的来处与去处。同时,也诚挚邀请大家进一步走进智慧人生文化,去体验内外兼修的生命系统管理与生命整体成长的实修。

三、如何实现心安

很多时候,我们做一件事情就是为了图个心安。心安是生命本有的状态,就像自性一样,它不是从外边学来的,而是一种本有的平衡平静的生命状态。只要身心能安住于实相,没有过多的抗拒、评判的时候,我们就会心安,这并不是通过外在创造出来的状态。

探索心安是关于如何回归的智慧,即在不安的状态下如何回到心安。这种智慧就是《道德经》所说的"孰能浊以静之徐清,孰能安以动之徐生",也就是让我们的心绪从无序到有序、从混乱到安定的智慧。它趋近于平静、平衡、波澜不惊、内在不被打扰的境界，这是人人都向往的一种成熟的生命状态。

(一)平静平衡：心安基本特征

心安，不是通过学习或外在的努力得来的，它是一个回归自性的过程，是生命本来就有的一种状态。对于心安，是不需要详细定义的，我们的心是不是在安定的状态，自己比谁都清楚。如果我们的内在不被外在打扰，自然也就获得了心安。

心安的基本特征之一是我们的内心处在一种平衡平静的状态，另外就是安住于实相，即当我们在头脑不参与、没有抗拒和评判的时候。我们常说的"无为"，就是头脑不参与，小我不造作，使一切如实同在。此时我们获得的心安，不是被刻意创造出来的，所以我们所探索的是如何回归到这种心安状态。

简单来说，心安是"自性"的表达。玻璃没有被污染前的明亮、清净，就是玻璃的自性。这就好比湖面上没有风吹动时，如同镜子一样呈现本有的状态。人在这种状态里，应该是生命最纯净的时刻，也是生命本有的最美好的状态。我们平时做的禅修、静心等各种各样的训练，都是为了回归生命最神圣的状态——心安住于内在的平静、平衡。

这里有一种"道的良知"在引导着我们，它透过两种基本的感觉来实现。当感觉到平静、平衡时,我们就是与道保持连接的。当我们感觉到焦虑不安或十分匮乏、渴求时,我们就失去了与道同频共振的连接了。因此,我们可以从平静与平衡的角度来深入探索如何获得心安。

在生命中的许多时间,我们的内在就像一个正在发生冲突的战场一样血雨腥风,连对自己基本的友善都没有了。甚至还会把自己当作敌人去攻击,对自己充满抗拒、排斥、暴力,完全没有任何接受性。很多人让自己变得麻木,他们对一切都不敏感了。其实,当心灵始终处于不安状态的时候,他们就极其容易变成这样,这是因为他们的内在有太多的不安,以为只要主观上麻痹自己,就能忽略掉这些负面状态,就不用感受这些不安,其目的是为了逃避那些困扰自身的压力。显然这样的办法尽管看似有效,但并不能解决实际问题。

还有一些人面对上述情况时,会选择让自己变得非常繁忙,每天制造更多让自己更忙的事情。实际上,这样的人非常忙碌的原因在于,他们没有认识到"心安"的重要意义,正是因为内心对于心安的回避,使得他们不断地挤压自己,填充自己,尽管忙碌却不充实。

所以疫情期间,好多人面对隔离封闭的情况,在家里始终是待不住的。仔细观察不难发现,这样的人于封锁状态下更加忙碌,实际上他们并没有创造多少可用的价值。我们在外打拼，多半是为了这个家，可为什么在本应最想待的地方却无法安住？不是家庭环境让我们感到不安，而是内在还有太多包括心理事件、头脑记忆、过往故事等方面的发生没有得到转化，让人不安。正因为如此，才让好多人觉得留在家里反而更难获得心安，十分期待走出去。其实，这并不是仅仅为了出去，而是想回避内心的这份不安。

独处久了，终究需要去面对这些让心不安的内在发生。因此，他们不敢安静地独处在本该可以获得心安的环境中，只好通过看手机、电影、电视等各种媒体让自己忙起来，似乎盯着屏幕中的外部世界就能让他们获得内心的宁静。他们不敢让自己安静下来，因为一静下来，就不得不面对那份恼人的不安。多少年来，为了回避这种不安，我们付出的代价太大了，身体的代价、关系的代价、心理健康的代价、甚至生命的代价……我们身后就像有只老虎在追逐，只能拼命逃跑，不敢停下来。莫不如静下来，静心打坐一个小时，呈现出种种不安事件的原委，以妥善解决问题。

所以回避不是办法，如何获得心安，有一个最简单的方法，就是先主动面对所有的那些不安，再深入探索所有的原生家庭背景、童年记忆、行为方式、情绪习惯、思维方式……

这些所有的探索构成了智慧人生文化的主要内涵，智慧人生文化丛书就是围绕这些问题展开的。因此，我们在这里强调的就是不容易被发现的、隐蔽在很深的意识里，所积累的内疚感、愧疚感、羞愧感，这些都会让人陷入不安。

举个例子，我们从小到大得到了很多人的帮助，这就是为什么我们自幼就有一种本能，即渴望帮助身边的人，好想为周围的人做些什么，想给予别人，想付出，以达到平衡。因为我们从灵魂深处就产生了一种意识，即我们所得到的太多了，多到难以平静。如果每个人真心愿意去发现，就一定会看到这样的实相。如果把这句话放在心底，时刻提醒自己："我得到的太多了，我得到的太多了。"那么它会如同一句箴言，足以使人知足常乐，疗愈我们所有的抱怨。

人与人之间有一个根本的关系法则，就是施与受的平衡。当我们有所付出的时候，就会产生一种冲动，想要获得等量的回报，反之亦然。比如，您连续请我吃三顿饭了，在第四顿饭时，我就自然想要请您吃，我想买单，以回报您的付出。这是出于灵魂的需要，更是人性的需要。所以我们得到那么多，就会心不安。我们会因此想要回馈更多，付出更多，这就是为什么付出的越多也就越心安了。事实上，这个部分是十分隐晦而冷暖自知的，需要我们去发现。

还有一个部分，就是我们不得不承认，我们以往有意或无意地伤害了很多人。这个部分的积累，会造成失衡，也是造成我们内心不安的重要原因。忏悔一类的功课，就是专门针对这个部分来帮助我们从不安回归到心安。

当我们内在不安的时候，伴随发生的是对自己的认知和看法产生变化。如果对别人做出伤害行为，我们内心对自己是有一个负面判断的。比如说，我不是个好人，我不够好等等；当我们得到很多又不能做出等量回馈时，甚至可能对自己做出攻击性行为。这是因为我们没有妥善地对他人的善意做出回馈，这种不等量的施受关系很容易带来内在的失衡。在失衡的状态下，平静无异于一种奢望，所以平静和平衡，是获得心安的重要基础。所以有时得到的事物变多了，它或者成为累赘，或者让心不安。我们所得到的，一旦超出我们的承受力，都会带来特别大的破坏力。因此，要小心自己的欲望，否则很难达到平静。

当我们对自己有特别不好的认知和看法的时候，就会严重破坏我们和自己的关系。为什么我们跟自己的关系失去和谐？最重要的原因就是我们对自己产生了过于负面的认知。若我们积累太多对自己负面的评论与看法，也就意味着失去了对自己的接纳、欣赏、包容、尊重、友善。一旦从潜意识中将自己定义成为一个罪人，内心深深的不安就会成为情绪的主导。同样，我们一旦做了太多良知上过不去的事情，就会自然而然地对自己进行审判。

这种审判所带来的负面影响，甚至比自责还要沉重。简单的自责只是从情感上认为自己做的事情不够妥当,而自我审判则是对自己根本上的否认和行为上的抵制,毕竟常规意义上的罪,要比恶更加难以接受。值得注意的是,这一类的发生基本都在潜意识中进行,这意味着很难被察觉,且不存在年龄、智力、经验等外在因素的差别。如果不能对此产生正向的认识,那么非但平静与平衡会离我们远去,而且无底线的自我否定必然会将心境拉入深渊,容易造成抑郁、自杀等后果。

要想改善和自己之间的关系,就要先行改善对自己的看法。最直接的方式是努力多做一些好事,用行为影响意识,少一些罪恶感,多一些满足感。转变对自己的看法,以转变同自己的关系,这是一个很好理解的逻辑,简单而有效。重点是,这些看法如果只停留在头脑的层面,是远远不够的。如果能将其深入到潜意识层面,则会达到事半功倍的效果。这样日久功深,就会逐渐对潜意识形成更加深入的了解,那种非常有力量而且深刻的内在移动与转化的效率也会得到大大的提升。

总之,我们在做类似功课时,最需要注意的是,不要仅仅从头脑层面来学习和了解本书的内容,更应关注潜意识中的发生。只有潜意识发生转变,才会最有效力地修缮我们对自己的看法、疗愈内疚感、羞愧感和罪恶感。

（二）利益更多人：获得心安的切实途径

无论做什么，都要想着利益更多的人，这是改善我们跟自己关系的无上妙法。如果能坚持两三个月，就会给我们的内在带来特别多的转变。例如，在市场上买菜时，能想到菜商会去乡村更多地采购。虽然您没有把钱直接给菜农，但他们因为您买菜而受益。也就是说，即便是买菜都要为辛辛苦苦的菜商、菜农着想，利益到那些见不到的人，这有助于洗涤罪恶感和积累满足感。

遵循道法自然原则，践行极简生活方式，这种低碳生活，既有益于身心健康，也有利于人类环保事业。例如，我们在家里，调整总水阀到一定程度，水压刚好够用，这样就可以节约更多的水。平时多准备几个脸盆、水桶，既可接雨水使用，也可储存用过的水，使生活用水得到层层利用。将洗菜水浇花，洗衣水再洗刷杂物，最后冲厕。

水电等资源是有限的，我们少用一些，别人就能够多用一些。还应该养成早睡早起的习惯，天亮前起床，保持窗明几净，整洁有序，以尽可能地充分利用自然光。电器不用时随手关闭，以节约能源。

生活里要尽可能少产生垃圾，物尽其用，避免浪费。购物的包装或塑料袋，都可多次使用，或用来装垃圾，这样也可以少用那种黑色的专用垃圾袋。扔垃圾时,做好垃圾分类,让清洁工人的工作变得简便,不给他们增加额外的麻烦。

在日常语言行为中,每个细节的点点滴滴都要想着利益更多的人。开车时,让前后左右的车辆行人更安全。停车时,考虑其他人停车或路过更方便。做任何一件事情,哪怕打个电话,也不要打扰身边的人。

这样做久了,会发生什么?我们对自己的行为和自身,就会有一种肃然起敬的感觉。我们的潜意识、头脑,甚至最表层的意识都能看见:我是一个值得尊重的人,因为做什么都想着别人,不仅心里有别人,还能利益别人。这样做可以逐渐消融自我怀疑、自我否定、自我审判的风险。

然后,我们对自己就会有更多的欣赏、尊重、仰望,甚至是崇拜。这就彻底改变了我们对自己的看法,也转化了我们和自己的关系。试想,如果我们跟自己的关系非常亲密友善,对自己充满了敬意、欣赏、接受,这会给生活带来什么?这是另一个话题了,并且都是积极正向的答案,我们留给读者思考,在这里不展开来讲。所以我们在这里给大家提供一个简单实用的实修功课:无论做什么,都要想着利益更多的人。哪怕起初只是一个简单的念头,也是一个好的开始。这个功课所能带来的最直接结果就是过得安心。

为什么很多人对自己有特别负面的评论、很蔑视自己、把自己看得很低，就是因为做了太多良知上过不去的事情，即一想到这件事情，就会对自己进行指责，做出非常负面的认知。这样的事情做多了，我们跟自己的关系就越来越缺少友善，会对自己有更多的自我攻击和破坏，产生不配得感，得到好的事物，也会破坏掉，因为我们深深地感觉到自己不配拥有那么多美好。然后深层次意识会拒绝财富、拒绝健康、拒绝亲密、拒绝丰盛，我们就会活得不是越来越接纳，而是越来越抗拒。因为内心已经逐渐被不安和负面认知充斥，所以整个人就像打足气的球一样，什么东西一来就会弹出去。

我们为什么要多做忏悔，及时改过，是为求一份心安，也是为改善跟自己的关系，转化对自己的看法。有句古话"无债一身轻"，就是指亏欠感、罪恶感、愧疚感消融而获得心安，这依靠我们在关系里成为那个最尽力的人，不亏欠任何人即可得来。

因此我们一定要勇于面对，面对父母、面对伴侣、面对朋友、面对合作伙伴，都问心无愧；面对这个世界，我们确实得到了很多，同时我们也创造了很多，付出了很多。为这个世界变得更好一点，我们的确做了一些实实在在的事情，所以我们心安。我们支持更多的生命活得更好，让更多的生命回归善良友好，回归平和、平衡、平静，我们影响更多的人对世界、对身边的人更友善。所以当内在没有这些背负，我们就会心安。当然这只是心安的一个面向，我们可以从更多角度来探索这个心安。

如果我们有特别多的歉疚、亏欠、背负，就会在潜意识中陷入不安。有一种说法叫寝食难安，大家有没有过这样的经历。当我们做了心里过不去的事情，或对他人造成伤害，会受到别人的怨恨。这时候，我们有一种寝食难安的感觉，睡觉不安宁，吃饭没胃口，而且不敢吃太好的东西。当心理压力过大引起的内部机能失调，自然就会引发失眠。做错事的愧疚所带来的沮丧、恐慌等负面情绪，自然会导致心神不宁。究其根本就是行为和意识的不平衡，让我们额外地有所背负。因此，没有了这些背负，我们就很容易回到平衡和平静。

（三）视角决定认知：获得心安的心法

当我们进入自我的平静之前，要先在理性上有一个认识：头脑到底是怎么运作的？这其实很简单，只要处于自我中心，我们就没有办法获得心安，受苦也就成为了必然。因此我们所有的学习，都围绕着如何把自己从自我中心的生命状态、完全被头脑制约的生命状态、活在以自我为核心的生命状态里解放出来。这就是通俗意义上的"解脱"或"离苦"，我们称之为，从头脑里解脱、从记忆里解脱、从自我制约与束缚的意识状态里解脱。唯有如此，才能彻底地离苦得乐。

　　由此可知,开启智慧人生的前期重心应放在了解头脑如何运作上,围绕着自我、小我展开探索,即分裂的意识、渴望自我重要性的意识、自我中心的意识。智慧人生后期学习的重点是关于大我、更高的整体意识,即源头意识、宇宙意识。智慧人生的理论和实修,都是针对"我"展开的。虽然"自我"是个幻相,但是在没有真正地了悟之前,"自我"又不是一个幻相,且令我们总是身陷其中。我们以幻为真、以假当真,就好似古人所言:"指鹿为马、认贼作父。"在以自我为中心的意识状态里去看世界,就会不可避免地受苦,心安也于此时变得很不现实。

　　用自我中心的意识来实修,是行不通的。因为用"自我中心"的方式来解决"无我"的问题,就好比"煮沙成饭""缘木求鱼",终究不得其果。例如,打坐时,我们有意识地去控制、压迫自己,即便再努力用功,也起不到什么效果。所有的学习都不应当压抑自己,真正能带来转化的工具很简单,就是"看见"。

　　这种转化背后的推动力来自于看见,或者说,看见本身带着转化的能力,而且是自动化的。如果转化没有发生,就还是没有真的看见。只要处在个体意识、自我中心以及头脑制约下的意识状态里,我们就没有办法心安。自我比小我的范畴更广泛,自我的核心是小我。自我和小我的关系是,自我保护着小我,小我强化着自我。它们形成了一个牢不可摧的、以自我为中心的意识系统。

关于意识的高层次内容，就是高我、大我、自性、源头意识、宇宙意识，中国文化里称为"道"，西方文化称为神性、神圣意识。以这样的意识看出去，被西方人称为上帝视角，我们称之为道的角度。在自性、源头意识的部分，我们也叫作"整体意识"或"合一意识"，是一种关于整体系统的智慧。以自我为核心的意识，我们称之为分裂的意识、分别心的意识、二元对立的意识。所谓成长、修行，其实就是在这两个意识之间用功。首先我们需要从自己出发，探索内在的自我中心意识。所谓宇宙意识、源头意识也是内在的，于是越接近更高的意识层级或能量层级，就越容易获得心安。

在 2020 年开始的新冠肺炎疫情中，很多人心生不安。为什么在同一件事情里，不同人会产生不同情绪，有人体验着平静，有人体验着恐惧？其实这是看法和认知差异所导致的，而人的看法、认知，又取决于在哪一级系统的意识层级里来看。处在不同的意识层级，体验同一件事情，是不一样的。如果在自我中心的意识层级里，便只能关注于疫情给自己带来的恐惧以及种种不方便。当站在更高的意识层级、更宽广的视野去看这件事情，认知和体验就会与前者完全不同。后者会将疫情看作一种提醒、一种考验，出不去屋子便静下心来修养，少了常规的娱乐活动，就索性全然放松，享受难得的平静。在自我中心的认知里，往往与实相无法保持一致。实相是那样的，人们却认为是这样的，与实相背离，祸患无穷。

　　还有一些认知的限制来自信仰，人是怎么信仰就怎么生活，怎么生活就怎么认知。在自我中心的意识角度和在整体的意识角度来看疫情，差别是非常大的。能否获得心安取决于在怎样的意识层级里看待事情，即自己的认知是什么？我们的认知决定了所得到的体验，这也就是智慧人生文化常说的："受苦，不在实相里，在认知里。"怎么看待问题，在很大程度上决定了人生的成就和幸福程度。所以说，认知是我们的"成功秘诀"和"幸福密码"。

　　不同的文化背景、信仰、层级、认知习惯，让我们对同一件事情的看法完全不同。如果是科学家看疫情，会从微生物或量子场域的角度去看；如果是医学家，会从传染病学的角度去看；如果是道家，会从自然的角度去看；如果是佛家，会从因果的角度去看；如果是世俗大众，会觉得这就是纯粹的意外。疫情初期，某些人对武汉人的抱怨、攻击等等，就是从自我中心的角度出发的。自我把外在事物在头脑中建构了一个"元宇宙"，但这个"元宇宙"并不全面和完整。只有从智慧人生文化或系统科学观的角度看疫情，才更容易看清实相，甚至把疫情看成是转危为机的恩典。

　　针对同样的疫情，当我们愿意从系统整体的角度去看待时，更多感到的不再是恐惧、抱怨、攻击，而是开始有一些反思与感恩。这些系统观念带来极其宝贵的变化，为我们的内在直接带来深刻的积极转变，同时赋予生命以创造力。这样的效果，仅仅依靠个人讲课、写书、拍电影是无法达成的。每一个时代的人,都有着自己独特的生命体验。无论是喜悦还是受苦,无论头脑如何评论疫情,都会让我们形成一个基本的认知:这些发生促进了整个人类意识的提升和觉醒。

当在不同的视角看一件事情的时候,我们的认知是不一样的,内在的感受也不一样,心安抑或不安的差异由此产生。疫情中,我们直观地看见很多变化:人们彼此更加关注,包括去关注陌生人;人们彼此更有连接,开始更关心他人。单单这一点变化,对于这个时代来讲真的十分宝贵。我们把这份爱、关注、连接,给到身边人,甚至给到了远方的陌生人;而且我们还更加深刻地学习到人类和其他生命之间的界限。

这样的境遇与变化使得我们开始不那么以自我为中心进行思考,开始有整体的反思、反省:我们不再像过去一样把其他生命理所应当地当作食物来看待。地球提供的食物太丰富了,丰富到目不暇接,足以维持我们的生活和生存。超市里的食物种类也太丰盛了,我们能吃的东西那么多,干嘛还要剥夺其他动物的生命呢?有哪一种动物的食物,可以像人类一样丰富?我们再也不需要把许多美好的生命塞进嘴里。我们传统文化把世间生命,称作有情众生,既然它们皆有情,我们怎么能无情,怎能残忍地对待世间生灵,更何况在人类自身之间引起没有必要的争斗。

人与自然的和谐，来自于彼此的界限和敬畏。一旦打破了这份界限，丧失了这份敬畏，我们会得到什么，想必大家都看见了。所以我们对界限变得敏感，有时要通过被伤害的方式，我们被伤害过就开始更关注界限。序位就是大家都在自己正确的空间，他们在他们该在的地方，我们在我们该在的地方，这就是正常的序位，正确的序列，健康的序位。当一切都回到正确的位置，那就是平安、和平、天下太平，如此一来，何患疫情。

万事万物都要有其自己的位置，即便是病毒细菌在这个世界上也有它们存在的空间，有其存在的位置和存在的方式。有些病毒也许会永远存在着，因为它们在地球上已经上亿年，可能没有办法消灭。也许我们和它们之间应该重新回归到我们祖先们的方法，找到我们和它们和谐相处的一些方式方法。

如今越来越多的人开始提倡素食，人们开始有一些沉重且深刻反思性的看见：在过去二三十年里，我们对其他生命都做了什么？例如，我们为其他生命带来的灾难，不管是在人类社会还是动物世界。网络上关于吃各种野生动物的视频，就是现实的存在。人们喜欢作死，同时又特别怕死。我们也看到一些特别心痛的信息，例如，有些村子将宠物狗全部灭绝。由于疫情道路限行，运不进来饲料，养殖户的几万只鸡饿死了。这都是因为我们只想保护自己，而没有采用系统观念处理问题所造成的恶果。

当我们越来越多地看到人类为其他生命所带来的灾难时,我们的内在就会开始有一些平静,甚至恐惧都变少了。因为看到我们的所作所为给其他生命带来同样的,甚至超越于我们的那种恐惧。好多时候,心安就是来自一份看见,即无论事情是怎么发生的,重要的是在哪个角度看,看见了什么,怎么看的。

最近,越来越多的人感受到什么是真正的人类命运共同体、人与自然生命共同体。我们无法用分割的方式来划分东西半球或东西方,即使冲突、战争、仇恨都没有办法阻隔人类的关联性,以及人与自然的整体性。我们是一体的,从来没有像今天这么真切地体验到人类命运共同体与全球一体化所带来的巨大影响。在一个更大的背景下,我们是"一",没有办法分割,希望更多人能够关注这种根本的实相。也许一个国家的灾难会对整个全球带来影响,又有谁能够做到置身事外,幸免于这种影响?人们常常迷失在由个体意识驱动下的局限性认知里。所以我们一直祈盼着整个人类集体地醒悟。

我们想强调的是,同一件事情的发生,到底应当选择怎么看。获得心安的方式就是看到全部,如此才能理解祸福一体、是非不二,才能看破恩怨得失。全然接受了,就是放下。这样心就安了,自然得到解脱自在。

总之,只要在自我中心的生命状态,心是无法安的。只靠头脑没有办法获得心安,恰恰相反的是头脑最擅长让自我不安。头脑使我们的身心不安成为常态,永远颠倒梦想,不得解脱,这就是头脑的本质。所以如果我们的生活,能够跟随源头意识的指引,从个体意识来到集体意识,从自我中心来到源头意识,就能轻松地活在心安里。因为在与道同行的源头意识里,心境处在平衡平静的安定状态。

(四)完整的看见:圆满生命意义

任何事情都有它的两面性,若看到两面,就看到了圆满。如果只选择其中的一面,我们就会偏激,心里就不平衡。当全面看事物的时候,我们容易处在一个清醒、友善、平衡的心理状态。

整个自然界大环境,用各种重大的灾难这么深刻的方式来提醒我们。如果我们的耳朵不够敏感了,所有提醒的声音都会变得很大很大,否则我们听不到。如果我们的心灵不够敏感,所有来自大自然和我们生命空间的提醒都会变得很痛很痛。这是多么痛的领悟,最可悲的是我们痛过了,但是没有领悟。如果心灵麻木无情了,才是最可怕的"疫病",传播力和破坏力更大。

新冠肺炎疫情中,我们每个人的认知,都发生着各种各样的变化。我们在检测病毒,同时病毒也在检验我们。如果疫情是一种考试,我们这次考试是否及格? 如果说是病毒或疫情检验我们,那么疫情如同放大镜,检验了我们身体的抵抗力、免疫力怎么样、国民的基本素质怎么样、商人的良知怎么样、医生的操守怎么样、我们的心理承受力怎么样、社会的承受力怎么样……我们的一切都被检验了,目的还是让我们看见。可以说,通过疫情,我们生命里所有的面向,平时被忽略的一切,都通通被曝光。疫情有许多面向,就像是一面镜子、一次测试、一次考试、一次呈现、一次看见。如果做一次考试,好多方面不及格,是不尽如人意的。

疫情中,我们能看到人性美好的部分,特别值得赞叹、感动,那些美好的面向被放大了。人们表现出空前的团结,开始关心自己以外的事物,甚至于开始关心陌生人,很多人愿意无条件为别人去付出。我们看到这个部分会更有力量,对人性更有信心,更有希望,我们会愿意奉献出更多的服务和友善。

很多人开始思考生命的目的和意义,我们这辈子活一次,究竟为什么而来。目前所做的,是不是这辈子真正想要做的。我们所有的创造力,有没有完全发挥出来;我们该付出的,有没有完全去付出;我们该去创造的,有没有创造出来;我们能够给出去的,有没有给出去;我们能够贡献的,有没有贡献出来。疫情之后,我们应当重新评估审视自己的生活方式,重新认知和评估自己的生命意义。我们是否忽略了一些重要的东西,整个生命架构是否在一个很失衡的状态,我们是否愿意用过去的方式度过余生?

通过疫情，很多人开始关注自己的健康，制定健身计划，终于有人看见免疫力才是最核心的。有些人开始意识到环境保护的重要性，重新审视我们和自然的关系，并定位人类在地球上应有的位置、空间在哪里，我们与自然界、动物界的界限在哪里。我们更加急迫、更加认真地呼吁要爱护地球，保护野生动物，越来越多的人开始谈论敬畏心。人们开始认真谈论这些话题，这几乎是前所未有的。这不是说以往没有谈论过，而是从来没有如此认真过。

疫情之前，有太多人忙碌到多年没有回归家庭。很多人在疫情期间，开始回归家庭，回归生活，回归生命里应有的本分。好多人因为疫情宅在家里，和家人的关系有了特别大的转化，更加珍惜和家人在一起的时光。很多人说这一辈子也许就这一段时间，是今生和家人共处最久的时间。人们更为珍惜和家人在一起的时光，彼此的在意，使关系更加深入和亲密。

还有太多人内在发生了各种转化。但是很多人面对疫情内在有恐惧，如果我们的内在没有创造好的心理环境，而是掉入恐惧，这也是不必要的。恐惧也是一种振动，在恐惧状态的振频是什么，散发出去的信息是什么？大家想象一下：我们是软弱的，是无力的，我们没有能力保护自己，我们没有办法维持健康，我会生病的……大家千万记得，内在创造外在，当我们源源不断地散发这种信息的时候，这真地就像一个密码一样发射出去。人有所感，天有所应,那感召来的会是什么。大家一定用我们分享的方法,多去关注人性正面的部分。

恐惧就是爱的不在,当恐惧在,爱就不在了,所有的恐惧都是深陷于自我而导致的。如果一个人只关注自己时,他就只剩下恐惧。如果愿意把注意力给出去以关爱他人时,他就能超越恐惧。防疫一线的医生和护士,不是没有恐惧,但是他们没有活在恐惧里。

如果我们关注的是他人,我们散发出去的就是爱心慈悲。所以我们鼓励大家把注意力给出去,对身边的人多一些关注、友善、关心、慈爱、祝福。这时候我们就在源头的意识里面,就是在无我的状态。我们要和源头意识有一种默契、信任、跟随,如果我们安住源头的意识里,我们给出去的是祝福,而不是陷入恐惧,完全被淹没。

从量子科学角度看,疾病是吸引来的、感召来的、邀请来的,它与内在振频有关,这对一般人来讲也许无法理解。如果能够在源头意识里,对万事万物的规律有了解的话,那我们对疾病和疫情的理解是不一样的。

人类的身体本就是一个完美的机器,它有非常圆满的能量平衡系统。所以我们还是邀请大家少一些内在对抗、攻击,多一些祝福、接受,多一些等待、耐心。如果在更高的意识里看到疫情有其自己的生灭规律,我们就少了很多的抱怨和担心。

自然和社会有自己的存在和运作方式，虽然我们总是渴望事物按照我们设想的方式运作，但是事实上往往会体会到挫败、无奈、绝望。其实，无论个人多么擅长精打细算，多么想去抓住、掌控一些什么，世界的每天每地仍然发生着个体无法预料的各种突发事件。所以这就要求我们学会放下期待、控制，真正地信任、跟随、接受系统的序位，与大道同行，在源头意识里，一切都是圆满的最好的安排。

在疫情艰难的时刻里，我们应当去看见需要反省、改正和创造的是什么？疫情给了我们太多很剧烈的体验，让我们心贴得更近。然后我们看到了彼此的需要，看到我们的过失、不足，也看到在接下来的日子里，我们更加需要相互关心，哪怕是身在远方的陌生人。我们的内心对这个世界有了更多的爱，更多的牵挂，更多的看见彼此。在疫情结束后，我们比以往更有爱心，更爱自己，更爱身边人，更爱彼此，更爱生命，更爱各种动物生灵。

有些拥有的事物，日子久了，我们就没感受了。所以大自然总是通过一些特殊的方式，让我们重新变得敏感，让我们重新拥有感受，又开始看见。我们对拥有的事物变得敏感，有时候是要通过失去的方式。例如，疫情隔离期间，买菜变得困难，但当可以出门时，突然间发现，能自由去超市购物都是很幸福的事情。可见，人们对于丰盛更有感觉，有时需要通过反向的匮乏体验来实现。

有时候生活让我们体验一次孤苦无助，是为了疗愈我们对一切理所应当的心态。一个人一旦觉得理所当然，就完全是在自我中心的意识状态。所以当心灵感染病毒，人就会变得自私、麻木、冷漠。如何恢复心灵健康，有时候需要我们付出一些艰难的或很痛的代价，让我们重新变得敏感。

我们一生没有一天什么都没有得到，看看今天自己得到了什么，从早晨起来到现在都得到了多少？就像疫情宅在家里，整个社会系统还在运作，以维持我们的生存，这时多少人仍在默默地付出。我们就算付出一切，也平衡不了已得到的。这样的认知会让我们活在满足感里，所有的抱怨就停止了，我们就活在感恩的状态，这样的生命多么美好。处在这样生命状态的人一定有完整性的发现，或看见。

疫情后好多人都在感激、感恩，开始看见整体，而不是活在个体的抱怨里。有时候一次灾难，可以让我们的心重新聚到一起，让我们开始去看见彼此，看见我们需要彼此。祈愿我们在惶恐中去创造平静，在怨气中去创造祥和，在焦虑当中去创造祝福。这是一个心理健康的练习，可分享给大家去试一试。

让我们用真诚心和情感去看到世界上还有那么多的人为我们服务，没有他们的服务，我们的生活没法维持。我们一起感恩，每座城市，每个平凡工作岗位上的人，正因为有他们的付出，我们所需要的一切才能有所保障。

对于我们每一个人来说，在疫情里最重要的就是活在爱与祝福当中，少一点传播抱怨、负面的认知、信息、能量，看见左，也看见右，看见黑暗，也看见光明，把两边都看见，这就是看见圆满。这样我们内在就不会失衡，无论外在发生什么，我们都不陷入抑郁、仇恨、消极的情绪里，持续性地活在爱与祝福里，给出身边人关注和爱护，然后给予源头意识以信任。

只有在安住于源头的意识里，我们才能与系统整体保持和谐。我们确实要去拓展自己的整体意识，这就是系统性的思考和认知。把个体放在更大的背景里，看到整个宇宙存在这种宏观全局，我们就看到了圆满。把个体意识通过静心等方式重新回归到平静，重新回归到整体意识。

在疫情肆虐过程中，难免有各种各样的突发事件，我们每个人身处其中。好在我们不是单独面对，而是有着一个伟大的整体系统，引领着我们共同去面对和承担。在更大的系统背景下，我们在巨大的压力面前，也不是孤立无援的。在漫长的人类历史的进化过程中，总会有一些比较特殊的阶段，这也是中华民族伟大复兴非常关键的阶段。这时候我们应当选择相信系统整体的安排，保持住自己的友善，我们选择服从与跟随。这样的选择，至少会让我们少了很多的焦虑和困惑。祝福大家能够让自己的个体意识随时都能够回归更大的系统背景，与更高的意识层级同频共振，看见圆满，这样的生命才更有意义。

我们用一句话来终结这一章：世界如何对待您，是您无法决定的，但您却可以决定如何去对待这个世界。不为其他，只求一个心安。

第六章

人生的意义：超越有限的此生

《西游记》里唐僧每次介绍自己总是说："贫僧唐三藏，从东土大唐而来，去往西天取经。"这句话蕴涵着每人都应该弄明白的人生三大问题："我是谁？我从哪里来？我要到哪里去？"清楚自己是谁，这是定位定性和明心见性；从哪里来，这是不忘根本和返本开新；要到哪里去，这是信念和定向。清晰规划自己的人生路，不管途中有多少艰难和诱惑，都动摇不了决心，如此才能实现远大目标。成功的关键不是能力、工具的问题，而是取决于自我认知和定位定向，永远知道自己是谁，从哪里来，到哪里去，现在在哪里，在做什么，要做什么！这是超越有限此生的制约，实现终极觉醒和人生意义的必由之途。正所谓"知所从来，方明所去，不忘初心，方得始终"。

一、人生三问:我是谁、从哪里来、到哪里去

"未曾生我谁是我,生我之时我是谁。长大成人方知我,合眼朦胧又是谁。"相传这是顺治皇帝晚年所深思的人类最重要的一个哲学问题:"我是谁?"人类是宇宙亿万年漫长演化而产生的成果,也是地球上唯一能系统认识自己、选择生命轨迹的物种。哲学总结融汇了人类的最高智慧,东西方哲学关于人生的三大核心问题都是:"我是谁?从哪里来?到哪里去?"这三个问题有着古老的背景,始终考验着人类的智慧,是轴心时代的哲学母题之一,皆旨在让人们认识自己。

这"人生三问",不仅是人类的本源问题,还是人类的归宿问题,也是哲学、生命科学的终极问题。所谓终极,是因为它涉及对生命源头的探索。这类问题是一种向导和提示,从来没有唯一的答案。这是因为"答案"是人们在特定的思想意识范畴和有限时空里进行思考的结果,是一种解释性的描述,是头脑中建构的一套自圆其说的因果链条,并不是实相本身。

"人生三问"是关于生命本质的追问,倘若能够将之讲透彻,那么也就没有其他什么问题值得探索了。因此,把这部分内容放在一本书的结尾来写最为合适,这些总结性的问题也将智慧人生

提升到一定的高度。

在现实生活中，很少有人碰触这种终极问题，甚至一些修行团体也从来不敢明确而深入地探索这部分内容。"我是谁"的问题，其实非常简单，从意识上来讲，就是对自我的认知。这可划分为多个层次，最表层是头脑的念头、看法、观点，深层则是自性、空性、源头意识。"我是谁"内含两个问题：一是"我"，二是"谁"。从终极意义上看，"我"代表的是作为本体的源头。这不是个体意识的小我，而是源头意识的大我。"谁"所寻求的不是从个体意识出发所得到的确定答案，也是指向源头意识下的"我"。

同样的道理来看，"我从哪里来"中的"我"，并非个体意识，而是从源头中来，属于整体意识的大我。"我"与整体、源头合一，以此观之，我就是源头。如果我们问"从哪里来"，就会陷入二元对立的窠臼。这是因为当我们对一个东西从哪里来产生思考时，不可避免会出现主体和客体的分别心，依然是二元视角。所以，"我从哪里来"说的是源头，即我们都从因缘和合、孕生万物的宇宙系统整体中而来。这样就会从固化的二元模式中解脱出来，真切体悟到一滴水和大海之间的关系，我们永远没有离开大自然母亲的怀抱。

"我要到哪里去？"生命运动是周而复始的，生命最后归宿的家园，终究还是源头意识。"人生三问"均指向源头意识，都是关于大道的问题。例如,《道德经》所言"惟道是从",是说一切都跟随着作为源头意识的道。从根本上讲,不是个体跟随整体,而是只有道(实相),没有个体意识或个人性。庄子所说"知其不可奈何,而安之若命",与"惟道是从"一样,都是指与道同行的无我境界。"知其不可奈何",是指我们什么也做不了,这是一种客观或被动的无为状态。而"安之若命",是知命、认命、了命,也是因为知道有些事不可为,为所当为,不当为则坚决不强作为、乱作为,所以真正的无为是一种具有主观能动性的无为境界。

这正像《臣服实验》一书所说:"放弃自我的偏见,全然接纳当下,放手让宇宙大化之流来执掌人生之舵,亦即臣服于自然之道,顺道而行,可以带来人生奇迹。"臣服是遵从法则和实相,有些人无法做到臣服的原因,是看到臣服一词,就会联想到屈辱感。然而真正的臣服只是尊重事实本来的样子(即实相)。这也是《道德经》中"万物将自宾"的内涵,万物都臣服于道之规律、理之所在。

我们就此再来回顾达摩祖师与二祖慧可的对话,慧可说:"心不安宁,请帮我安心。"达摩说:"你把心拿来,我给你安。"慧可说:"觅心了不可得。"寥寥数语就把实相讲清楚了,因为心不可得。这里的"心"指源头意识,是一种发端于本源的意识觉醒,亦即一种存在或虚空,而不是指头脑或心脏。慧可来找达摩安心,并不知道心是什么样的,误认为心是某物。当达摩让他把心拿出来时,找了很久他才发现心不是一个可以获得的东西, 所以他怎么也找不到。于是达摩说:"我终于为你把心安顿好了。"

既然"觅心了不可得",为何达摩又能三言两语实现"安心"的神奇效果呢? 这是因为在达摩眼里没有个体意识,既没有一个要安心的人,也没有个可以被安的心,这体现出一种"当体即空,物我两忘"的极高境界。当二元同时消融时,原本习惯对立的两面就会进阶消亡,那么心神自然会得到安宁。所以说,心无实体,无心可安,是为安心,在传统文化里是如上述这般理解的。其实这里还有一个很大的问题需要回答:心是什么? 在智慧人生文化里,初级是指意识心,即头脑的后天意识。再往后就无心可觅了,真正回归源头意识,不再有个体意识的那颗心。

在《金刚经》第 18 章有关于"三心不可得"的描述:"过去心不可得,现在心不可得,未来心不可得。"这里不可得之"三心",指的是什么?《金刚经》是讲破相的,其核心在于一个"破"字,破的是所有的相和对相的执着。所谓"三心不可得",是指三心所执的对象不可得,心本身不可得。所知的一切,当体即空,都是幻相。能执、所执都不可得的时候,才是达到三心不可得的境地。既没有一个可执着的心,也没有一个可执着心的人,便是"当体即空,了不可得"。《金刚经》里讲四相:我相、人相、众生相、寿者相,以指代时空。其中,前三相是指空间,最后一相是指时间。事物由因缘合和而生,如梦如幻,并无实性,故四相皆空。三心不可得,也是指这个意思。

古人讲源头意识时,有太多的名相,反而让人糊涂了。中华传统文化讲天人合一,印度人说梵我合一,二者在本源上达成了共识。天、道、梵、佛性、空性、虚无,我们在这个阶段就把它理解为源头意识。

《道德经》对于源头意识的诠释比较清晰,特别是第 25 章前半部分:

> 有物混成,先天地生,寂兮寥兮,独立而不改,周行而不殆,可以为天地母。吾不知其名,字之曰道,强为之名曰大。

"有物混成,先天地生",是指道的存在要早于天地。"寂兮寥兮",是指没有任何的声音、形象,这就是源头意识的表现形态。"寂"是没有声音,大音无声。"寥"是没有形体,大象无形。"独立而不改",是不依赖任何东西而独立存在。"不改",就是恒久而没有变化,这是指平衡与圆满。

"周行而不殆",就是周而复始,永不停息,也指源头意识。"周",不是二维意义上的循环往复,而是指无始无终。这就像印度文化里的首尾蛇,一条蛇把尾巴咬住,形成一个圆环。首尾蛇类似中国的太极图,亦如庄子所说"如环无端"。

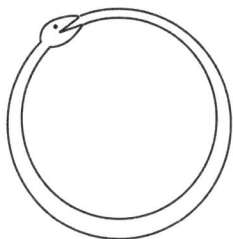

首尾蛇,亦称衔尾蛇　　　　　　太极图

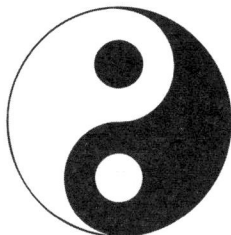

老子最后总结道:"可以为天地母","母"是从源头里化育而生的意思,可作为世间万物乃至天地来源的根本。"我不知其名,字之曰道",这并非不知道祂的名字,而是说我真不知道该怎么通过自身有限的知识去认知祂,因为任何名称都不能将祂完全概括,只好勉强叫作"道"或"大"。

儒家《大学》之"道",是"物有本末,事有终始,知所先后,则近道矣",符合一般人对道的认知。对我们成长、修行而言,无始无终、无先无后的道,是一个从源头里创生万物又回复本源的过程。如果能把生命的终极原理说清楚,在人世间的文化里,这也就到达极致了,此即开悟、觉醒、成道。所谓"成仙、成佛",也是对这种境界的比喻和描述。

在这里须搞清楚的首要问题是:心和源头到底是什么? 在传统文化中,喜欢用"心"这个字。佛学中有专门针对这一类问题的集中探讨,有利于我们更好地进行理解。《观无量寿经》有云:"是心作佛,是心是佛。"这里的"心"就是佛,也是源头意识。马祖道一禅师曾言:"即心即佛,非心非佛。"大意是说修佛即修心,离开心之觉性便无佛可谈,这是不生不灭的源头意识的本质。"非心非佛"是指:如果执着于心是佛,这也是着相,即执着于外相、虚相或个体意识,而偏离了本质。

佛学里常用"是什么,非什么,是为什么"的句式。佛陀在世讲课时,喜欢用这样的表达方式告诉人们,不要落入两边,不落两边才是"一",才敢说虚空。一旦落入两边,就会陷入二元对立的牢笼中去。可见,"非心非佛"意在说明:心若执着于佛,则着了一个相。不可得的心,若执着不可得的相,则是幻相,而非源头意识的本质。

"我是谁? 从哪里来? 到哪里去? "是指向终极实相的,是关于源头意识的,这不可能有确定且唯一的答案。自古以来,很多人围绕着"人生三问",给出过那么多阐释、学说、理论等,都是不圆满究竟的。"人生三问"的解决方向不在于具体的答案,而是要引发思考和体悟。所有的答案都是思考的结果,而其形成过程更有意义。如果一旦落入结果,就是落入头脑、思想,而思想永远都没有办法完整。

综合来看,这三个问题指向的是:道、空、无、虚、源头意识。我们都来自源头，也终将在回归源头中实现永恒。正如《道德经》最为核心的第 16 章所言："致虚极，守静笃，万物并作，吾以观其复。夫物芸芸，各复归其根。归根曰静，静曰复命。复命曰常，知常曰明。"那里只有宁静，再无其他，这就已经是来到了终点。虚空是完整的，源头意识是完整的，道是完整的，宁静是完整的。一有具体答案，反而打破了其完整性。因为只要说出来的，就是一种名相，如说它是白，就不是黑了。对于这些终极问题的体悟，超言绝相，不可能是一个答案。

上述问题是要引领人们的头脑变得平静，这才是"人生三问"的真正含义。我们常在"静心"练习里说："有些问题只有在宁静中，才能得到答案。"我们所说的答案，不是头脑逻辑得出来的一句话，或一个分析判断的结果，而是在宁静状态中得到的答案是宁静。这是问题之最终目标，不止消融了问题，也让我们获得了安宁。如果一个答案不能让头脑或心智平静下来，就不是一个圆满的答案。这也就是说，心安是"人生三问"的目的和意义所在。

我们很少能在书上看到有人把这部分内容说清楚。源头意识是无限的，道是无限的，印度人所说的梵也是无限的。祂没有开始，没有结束，这也是太极图所表达的。这样的话题最后落脚在哪里比较好？自然还是应该落回到现实生活里。

"我是谁？从哪里来？到哪里去？"最终都是朝向终极关怀的

思考和体悟。这不应该是一个有逻辑性、结果性的答案,而是要在有限的生命中去感受和体验到永恒与无限,这是终极的含义,也为我们打开了智慧人生的大门。对此问题我们可以理解为:让有限的个体意识回归整体意识,一滴水回到大海,让每个人回归"心灵家园"。让人们在受苦的人生体验中,重新活出无限,活出永恒,活出爱与喜悦。实现这一切的前提,是需要我们通过对生命终极实相的探索和觉醒来完成的。

二、超越自我:识别自我与自性

通过对自我和自性之间的区分,可以帮助我们更加清晰地认识成长的两个核心问题:一是头脑的核心是自我;二是觉醒的核心是自性。把自我和自性的内在区别辨析得更明白,才能让我们在生活中更好地看见,以实现根本上的进步。

自我的部分是二元对立的,属于头脑的范畴,因为头脑习惯于比较、衡量、分别、妄想。这也属于唯识学所说的意识心,即第六意识(分别识)、第七意识(依他起识)。强调自我,是一种十分普遍的思维和价值倾向,容易令人对事物的判断陷入极端,将许多原本统一的事情对立起来,难以达到圆满。

源头意识是自性的部分,超越了二元对立与冲突的圆满认知。它如实如是地认知事物,没有评判、比较、衡量、对立。简单来说,头脑就像百度搜索系统一样,它的运作方式是以记忆预先存储的信息资料为基础, 然后再用分析比较的方法来认知这个世界。源头意识则完全是由自己来认知的,不需要通过存储信息来认知事物。我们常说的源头的认知,就是直觉,即头脑不介入的一种自然认知状态。这种认知模式,只有对当下产生直觉,无需依赖记忆,也不需要比较衡量,才可从运行方式上避免由于先入为主、以偏概全等原因而产生误判。

自我主导的意识状态最明显的特征是,完全处于头脑的制约和操控中。自我不是带我们回到过去,就是来到未来,这是由头脑功能所决定的。而且头脑永远都像上蹿下跳的猴子和四处奔驰的野马一样停不下来,使得我们不得安宁,故《西游记》中有"锁心猿、拴意马"的比喻。自性则非常稳定地安住于当下,它就算偶尔观照过去或未来,也是瞬间抵达,然后很迅速地离开。它不会在非当下的时空里打转,这是头脑才会做的事情,自性可很好地避免这种情况。

以自我为核心的头脑,它的语言特点是逻辑的、分析的、推理的、评判的、想象的。自性敏感于两个部分:一是来自情绪,二是来自身体的感受和反应。它是非思考的,就像禅修时我们开始关注身心感受一般。因为自我或头脑服务于生存,所以将重点放在外界,特别是关注积累物质及其得失。即使得到了,还要跟他人进行比较。其特点是追求多些、好些、不同些,即无论如何都要比别人多,比别人好,跟别人不一样,以满足自我的优越感。典型的自我中心意识状态是紧紧围绕着生存展开的,非常稳定地处在匮乏状态,不断向外界进行索取。

自性主导的意识状态或生命状态,更多的是关于平静,与头脑胡思乱想不同,它处于体验之中。自性是稳定的满足状态,关注真正需要的,以及事物的本质。而头脑相比之下,则是匮乏和不满足,关注想要的,不关注事物的本质。这种自我中心求生存的意识状态,只关注自己能得到或失去什么。头脑对得到的事物有时不很敏感,但对于失去却极其敏感。

在自我中心的意识状态中最常见的情绪是紧张、恐惧、焦虑、不安、羞愧、自责、哀伤、愤怒、抑郁等。卡在这样的负面状态里,情绪很难流动,所以注意力也是固着的,这也是比较常见的现象。自性主导的生活,是一种觉醒的生命状态,心绪来来去去,毫无滞碍。

自性状态下的常见心境主要有两个特征:一是自由流动,不纠结,没有残留。"无所住而生其心""本来无一物,何处惹尘埃"就是指这样的状态。二是平静的、放松的、喜悦的、自在的、满足的、稳定的、充满爱的意识频率(慈悲心)。自性主导的生活是敞开、信任、平和、无滞、有连接的状态,这样才可能体验更多的良好情绪状态。

区分自性与自我的目的，是便于大家对它们进行识别。如果在这方面还没有那么熟练，就很容易陷入二元对立当中。自我和自性在我们的生命里都有不同的功能和价值，我们只有将自我跟自性通力合作，才能把生活过好。我们从自性、自我两边做一些讲解，可以让大家更稳定在觉知状态里，更好地展开对头脑的训练。自性是相对于自我而言的，它区别于头脑、小我。人们通常把这种意识状态叫作大我、高我、真我，本书称之为源头意识。

当源头透过自性体验它自己的时候，就像导演在看他拍的一部影片，没有任何议论，他完全和那个发生融合在一起，既知道刚才的发生，也知道接下来发生什么，也明白为什么要安排这个情景。观众会议论，导演不会。因此，源头是寂静、平和的，完全与实相同在。只要在实相里，就在平静里。当您不平静、内在有冲突，没有在实相的那一刻，就丧失自性而处在自我中心里。

如果我们连接上源头意识，会让自己更容易稳定在自性主导的生活状态，不再迷茫、困惑，内心变得富足。这时候，所有问题即使还在，可是您解脱了。所以，当我们说所有问题结束了，或者说不再问问题、不再是个问题等等，都是升华境界所带来的效果。这不是来自思考或简单知识累积的结果，而是意识层级提升后所得到的回馈。用现在流行的话说，就是境界提升后获得的"人间清醒"。

最重要的是,如果以自我为主导来进行生活,我们这辈子基本也就困在各种问题里了。即使获得一时的成功,仍然会感到不快乐、内心空虚,有很多困惑。如果由自性接管生活,我们就可以让自己稳定在觉醒的生命状态中。一切都只是体验,就不再有什么疑惑了。若能如此,便可开启真正的生活,从而走出一段有价值的精彩人生。

三、终极觉醒:让自性接管生活

我们把活在自性、宇宙意识、源头意识里的终极觉醒状态形容成让自性接管的生活。生活怎么来,我们就怎么过。生活提供什么,我们就体验什么。不去划分这个是幸福,那个是受苦。绝大部分人并没有活在被自性接管生活的状态中,我们跟生活的抗争从未停止,向生活要这个,生活却给了那个,造成生活现实与心理预期之间的落差,所以我们一直处在对生活的各种评判和对抗中。与之相反,活在源头意识里,则要完全地接受和跟随大道。事实上,我们很少被自性接管,而总是被头脑所左右。

所以我们特别强调,智慧人生要学习的第一件事就是,识别什么时候处于以自我为中心。当真正开始去识别后,就会发现以自我为中心是一种常态。我们的认知、体验和思考若围绕着自我这个中心展开，就没有办法靠近实相，会活在头脑提供的各种幻相里。因此我们必须从中出离，如实观照，这是最基本的解脱。

如果生活在以自我为中心的状态，追求满足自我的重要性，就与一切失去连接。这时候我们就成为孤岛，哪还会有什么心安？当我们充满焦虑、匮乏，以自我为中心时，所有行为背后的推动力，就不是爱，而是恐惧。大自然漫长的进化，为我们安装了恐惧的程序，是为让我们学会保护好自己，免受外在的伤害，但不需要全天候启动这个程序。我们却在所有关系里，包括在家人关系、朋友关系、普通人际关系、与自己的关系里，总是启动它。只要陷于自我中心的牢笼，生命就会卡在心神不安的状态里。

举个例子，若在家庭关系里启动了恐惧的程序，就会因害怕不被爱，对伴侣产生怀疑，甚至时常偷看对方手机。还会把恐惧投射到未来而产生各种焦虑、担心的心情，好像未来在自己的掌控范围内一样，这是非常孩子式的想法。我们在关系里打开了恐惧的程序，害怕失去什么，于是非常仔细地计算着在所有关系里的付出和回报，而忽略了关系本身所带来的快乐与收获。因此，终究还是要从了解头脑运作机制入手。头脑的一大特征就是衡量、比较，这使人处于相互算计中，很难幸福。

看看这个时代有多少人努力不要进入关系，刻意和所有关系保持距离,这还是与恐惧有关。因为我们曾经在关系里受到过所谓的伤害,就关上了内在的那扇大门,把自己很巧妙地变成受害者。然后我们全力以赴地坚持,小心翼翼地防备着这个世界,把自己活成了一个卡住的人。卡在记忆里,关闭了跟这个世界相往来的内心之门,把自己封闭起来,我们与源头和整体间的联系就被切断了。只好靠头脑"单机运行",陷入自我的世界不可自拔。

我们戒备着这个世界,也渴望着这个世界,就像一无所有的乞丐一样,防备着被别人盗窃,同时又渴望获得别人的赐予,在这种状态下又怎能心安?只要在头脑所掌控的自我中心状态下,远离了源头意识,生命就会陷入这种状态。有不少人看上去就是一个受过伤的人,头脑已然沉溺贪恋于受伤,误以为做受害者的好处似乎更多。

如果生活完全能够跟随着源头意识或自性、神性、大我、道,那我们体验生活和大千世界的方式是完全不一样的,会处在一种深刻的平衡和平静之中。否则,我们就失去了与源头意识的连接,局促于小我之内,为生老病死痛苦烦恼,为功名利禄患得患失,与幸福喜乐绝缘。与源头意识连接,在中国文化里叫"与道同行",禅宗里叫"明心见性",印度文化里叫"与神连接""以神为伴",在西方文化里叫"与神同心""与神同行"。

我们只有内心清醒过来,回到事实里,才能认出自我是种幻相而非实相。在这种看见里,再谈空性,才有意义。否则,都是形而上的概念,难以应用。我们必须要清醒过来,重新回到与源头意识的连接里。其实,我们跟源头意识的连接从来没有中断过,它就在我们之中,说连接只是形容。所谓重新回到连接,是指自我开始平静。有人为这样探索成长的道路,赋予一个美丽的形容叫作"回家"。这也就是觉悟到"自我"就像是孤儿,而自性才能让人回归到根本实相和源头意识的怀抱。

在有生之年,如果我们能够有机会体验到这种"回家",这一趟人生旅程便不虚此行。当深深陷入自我中心,我们就与大自然母亲"失联",处于无家可归的状态。这时候我们内心真就像孤苦无助的孩子一样,到处找爱和归属感,六神无主。这样就会活在匮乏感里,感觉一切都是不够的:时间是不够的、食物是不够的、财富是不够的、健康是不够的、安全感是不够的、友谊是不够的、爱是不够的。久而久之,匮乏感会带来无意义感。从根本上说,这是与源头断连后心灵不充实,只好寻求外物来填充欲望的表现。

在这种状况下,我们的内在是混乱的,就会有更多的期待、更多的固执(尤其是注意力的固着)、更多的排斥、更多的抗争、更多的拒绝、更多的评判、更多的指责抱怨和更少的接受性,整个生命就活成了一场战争。这时候就算拥有全世界,也不会拥有满足感,有人甚至觉得一切都变得无意义而抑郁自杀。当陷入自我中心,我们的受苦就开始了。

我们讲述一些例子，就是想让大家了解整体意识、源头意识，以便无限靠近它。比如，在天空中飞行的一大群鸟，极其快速地变换方向，但是彼此从来不会发生碰撞。如果仅依赖个体意识，这是无法完成的，只有在整体意识的指引下，它们才可以配合地那么协调、完美、平衡、圆满。那一刻每一只鸟都不在自我中心的个体意识里，而是处在更高的"合一"意识里，由此每个个体与系统整体才能有效连接、默契配合。如果自我中心作祟，会使得我们成为孤雁，陷入迷茫和抑郁。

作为一个人拥有这样一段生命，一生一定要连接一次，去体会整体意识。我们和它在一起的时候，就会有种心安、回家的感觉，不再孤军奋战，连接上更大的系统背景，就像单独的电脑互联上"云端"一样，我们的生命意识被拓宽了，自我会越来越平静。然后我们有依靠、被指引、被护佑、被支持，做任何一件事情都把这股力量带进来。它不是一种理论，在生活里真正体验过才有效用。如果只是理论，便没什么意义。

活在更高维的源头意识中，我们就远离了以自我为中心，这在自我、头脑平静的状态下才会发生。前提就是识别出自我中心，这永远是智慧人生基础中的基础，核心中的核心。因此，需要大量去生活里练习，一次次地识别自我中心，以建立与源头和整体的连接。

据记载，远古时期，人们与天地大道的连接是非常普及的。那时候，人与自然的互动和连接比现代人更亲密、更频繁、更和谐，生命的外在真实自然，内在朴实简单。所以他们对于源头意识的理解和体验也更广泛、更平常、更真实，比现代人更容易回归心安、平静。因此历来"名山藏古刹"，纯净的环境有利于我们密切与自然和源头的连接。

理解所谓更高维次意识，要避免淹没于名相里而不得其要义，不同国家、不同文化背景，对于这部分的描述都是不一样的。比如，宇宙意识、天地大道、大我、元神、神性、佛性……称呼千奇百怪。成长这件事情，自古以来从未像今天如此复杂。如果未把握其核心，这些名相就足以把人搞蒙。如何称呼它都不重要，最关键就是如何连接。

静心等方法可以让我们跟源头意识连接，还有一种特别简单有效且快速的方法，就是识别恩典。当您识别出恩典时，就不在以自我为中心了，也就是在整体意识中。当越来越多的人，从个体意识来到整体意识的生活状态，就应该实现整个大环境的觉醒了。现在人们常谈到人类整体意识的觉醒，即系统性、整体性的观照，也就是站在更宽广、更全息的视角，去更完整地看见。

这时候，自我中心的意识习惯就被转化了。只要在自我中心的意识状态下,永远无法心安。如果连接上源头意识,我们就回到了本有的心安状态。只要处在自我中心的状态里,即在头脑的制约里,受苦是无可避免的,内在永无安宁。一旦回归到整体合一意识,即恒久非二元对立的源头意识里,我们就会心安理得。

每次讲到连接,都要强调我们并没有断掉连接。这种连接永远都在,诚如《中庸》所言:"道不远人"。问题是头脑对我们接收源头信号进行了屏蔽,就像电话总是占线,源头一直给我们打电话,一拨里边都是同样的话:"您所拨打的电话正在通话中,请稍后再拨。"占线时间太久了!当自我平静时,不论用哪种方式,都可以回归源头意识。因此,人们的生命状态不是受苦,就是喜悦,不是在自我中心,就在源头意识,其他还能有什么状态?

体会源头意识的运作形式,走在这种探索的路上,过程很有意思,其乐无穷,妙趣横生。我们通常不愿这样表达:"源头意识的运作规律。"这是因为一旦我们去探索其规律时,就又一次陷入以自我为中心。凭个体意识的有限认知去度量、揣测源头意识的规律,是极其困难的。只要这样做,就掉进头脑的一个陷阱,即妄图去掌控结果,这是非常冒险的。

当然有一些规律可以观察、体验到,并可以作为经验来分享。比如,"厚德载物"是通过对现实生活观察得来的一个实实在在的经验:有更丰厚的德行,就可以承载更丰盛的拥有。又如,"积善之家,必有余庆",积善和余庆之间,确实有一些规律,反之则为"多行不义必自毙"。

了解源头意识,不仅仅是为了追求内心的平静——这是附加值。其实在这个过程中,我们能够明白传统里许多极其深奥难解的文字在描述什么。所以说,悟后起修,悟后宜自渡,一旦通达其核心真意,再看过去怎么也搞不懂的经典文字,可以一目了然,这是因为我们的内在是与之相应的。这时就会终于理解什么是大道、空性、无我、修行、解脱、临在、觉醒、开悟……对于本书话题来说,在源头意识的生命状态里,我们获得了真实的心安。关键是要连接上源头意识,永久保持心安比较实在,这可以直接体证到。

我们探索源头意识,期待与这股力量或存在展开合作,让生命拥有更强悍的创造力。无论做什么,都允许这股力量参与进来。然后,我们希望生命有更高意识层级的指引,让生命更有方向感和成效。[①]于是,我们从头脑的制约中,终于让自己有机会解脱。当我们活在源头意识里,生命本身蕴含的所有美好,都可以得到最极致的绽放、呈现和发挥,这种状态我们称为"生命花开"。在源头意识里,可以让生命毫无保留地绽放所有的美好和可能性,让生命旅程里本该体验的所有最丰盛的礼物没有任何错过和浪费,让

---

① 写到这儿,多加一句:人从来没有错路可走,甚至也没机会犯错(丛书后续再展开谈)。

生命从有限来到无限。

获得最终极的心安、平静，是让生命从自我中心的意识回到源头意识里，从个体意识回归到全息的、整体的意识里，从一个求生存的、极低的意识层级来到 700~1000 分的能量层级。让生命从制约来到解脱、从自我来到高我（即大我，针对小我而言），从个体来到整体，从抗拒来到接受，从动荡不安来到平衡和平静，让生命有机会展开一个更宽广的意图，都拥有"回家"的喜乐。否则，我们每天只在忙一件事情——生存，这样的人生是可悲的，也很难幸福，因其离自性太远了。

识别、回归和连接源头意识，从以自我为中心的意识状态中解脱出来，这里最重要的前提就是，如何了解更高维的源头意识，即超越于自我中心的意识。这已来至头脑和语言所无法触及的领域，那真要靠我们内在足够的想象力与创造力，其中想象力是创造力的基础。孩童最有想象力，所以他们更接近生命本源和本质。小孩拿个扫把就能当马骑，他们获得喜乐是非常真实的。我们现在夹杂了太多世俗的念头，骑着扫把已经很难有骑马的感觉，所以我们快乐的成本是非常高的。相关的智慧在中国传统文化中多有阐述，例如《道德经》"复归于婴儿"等。因此，"让自性管理生活"不仅是一个口号，更是值得我们无间觉察、时刻践行的事情。

四、悟后起修:从所是之处出发

经过以上阐述,我们对于"终极觉醒"的路径、理法已经算是有比较清晰的认识了。智慧人生的核心理论并不复杂,几句话就能说明白。人们往往误以为:"简单就是容易。"然而"简单不代表容易"。这是最容易被大家忽略的事实,也是一种提醒和忠告。

无论什么行业,都可以简约地将其最核心的理论概括出来。例如,拳击运动只有两个核心要素——速度、力度。其训练方法有无数种,总结起来无外乎这四个字,但让人真正拥有超常的速度和力度却很难。核心理论都很简单,遇到明白人一分钟就可以讲完,但是这与我们的现实生活有多少关系?

"熟知并不代表真知",要获得真知,还需要生命的真正历练和体悟。成长还有那么多需要穿越的路要走,一步都不能少。这就是为什么我们一直强调:"要从您所是的地方出发,而不是从您所知道的知识出发。"您所是的地方就是自身内在和外在的所有实相,即当下真实的状况,而不是头脑提供的认知、知识和理论,或自以为是。

如果起点错了,就没有终点可言。因为这没有从一个真实的地点出发,没有从自己的实相出发,想直接从知识出发,而知识脱离了实际就是空谈。虽然它可能是您未来的指引,或者说,在未来生命里会经验到。但是目前真正要训练和开始的地方,不是那些知识,这与当下没有多少关系。比如,那么强大的自我,虽然是个假货,但是"他"稳稳地坐在自我中心的意识状态里。修行和成长是有次第的,要清楚自己现在的实相是什么。不能拿头脑里的知识作为参照物,必须拿自己的实相作为参照物。

有时候人们更关注知识走到哪里,而没有关注到目前真实的所在地。常言道,头可以在云端,但是两只脚要在地上。头指头脑的认知、思考、知识、理论等,脚指现实处境。脚决定人在哪里,而不是头。因此,必须脚踏实地,路是要一步一步走的,饭是要一口口吃的,不能"神游万里""画饼充饥"。以《西游记》举例,头脑的到达就像孙悟空一个跟头可以十万八千里。可是真正地要想到达,取到真经、修成正果的话,就算是孙悟空,仍然要陪着一个比自己愚笨的师父,一步一个脚印走到西天。一路上降妖除魔,要耐得住各种各样的诱惑和考验,要尽心尽力地做好本职工作,不能总想着回水帘洞占山为王。成就孙悟空的不是取到的经书,而是九九八十一难的整个过程。

《道德经》第 39 章说:"贵以贱为本,高以下为基。"如果建筑地基不够稳固,盖的房子越矮小越安全,越高大就越危险。因其根基不够,承受不了。有些人不要一楼、二楼,就想要三楼。这种空中楼阁和急功近利在修行的路上是行不通的。传统武术名师,都是一拳一脚练出来的。在表演时人们看得出其功底,有功底就是说基本功是扎实的。在成长的路上,我们在身心脑、能量层级、意识层级等基础部分需要做大量的工作,一定要老老实实地走。但是往往这些部分,都是容易被人们忽视的。好高骛远,是头脑常犯的错误。

地图不是实景,在地图上看到的一切,与实际到达的地方,都有着巨大的差异。地图只是让我们明白到达的路径,地图上看到的地标与实际看到的空间是两个世界。所以,如果我们用头脑里的知识来做参照物,脱离了实相就会沦为笑话。

在成长的路上,当我们在知识理论的层面有所通达时,头脑就会得出结论:"我到达了,已经彻底完成了终极的觉醒。"这往往是头脑带您玩的表演秀,或头脑的把戏。一个深陷于头脑中的人,就会搞出这样的笑话,此时把这当成头脑娱乐我们的一种方式就好。头脑上的到达,是非常容易的。理论的通达,不代表实际到达。真正的到达,则极其艰难。

传统智慧推崇:"理可顿悟,事须渐修。"理可顿悟,是指大道理在刹那之间便可透彻理解。事须渐修,就是在现实生活里要循序渐进地逐步落实。理是头脑的部分,事就是现实生活。如果头脑上是通达的,也能在现实生活里做到,那么理事圆融就是一个结果,无论做什么都更容易获得成功。

如果真觉得自己已彻底觉醒,而且由自性接管生活了。这也没有问题,需要注意的就是确定参照物。每个人都是按照自己的原则生活,但有时我们的原则是违背自然规律的。如果将之作为一个参照物,成为生命的最高指导原则的话,这又是一种误人误己的自以为是。因此,当一个人缺少实事求是的态度,没有看到更大系统的背景时,只把自己的评判标准作为参照物,然后开始去行动,这是非常冒险的事情。

成长、觉醒的参照物,是需要引起关注的事物或现象。我们列出来给大家作为参考,以便于知道自己目前所到达的程度,与真正的明心见性、终极觉醒相比,还有多少差距。检验是否觉醒的切实参照物,可以总结为以下六点:

第一,生活里所有的受苦都停止了;第二,内在没有冲突;第三,没有比较;第四,没有创伤及其残留物;第五,没有内疚;第六,没有评判。

如果不在觉醒状态,生命里的一切随时都会把人带入受苦的境地:欲望上的受苦、念头上的受苦、头脑上的受苦等等,是极其丰富的。若没有觉醒,生命就是用来受苦的。哪怕只有一种苦在生命里承受,那就还在中途,而不是到家,或者说,您的“看见”是头脑知见。您内在的真实离本地风光和见性还有十万八千里,就是头脑一个跟头的距离。在生命体证没有到达之前,头脑可以先您一步,甚至提前数十年到达。但亲身体证可能要滞后,甚至是一辈子。我们并不关注彻底觉醒了没有,而是更关注所有的受苦是否结束了,这是最具有现实意义的落脚点。

如果大家对情绪只停留在心理学、疗愈和清理的层面,这是远远不够的。必须有真实的体证,要有修行上的真功夫。否则,就像画里的猫,老鼠来了,不会进行捕捉。当烦恼、受苦来了,头脑层面那些开悟觉醒的理论通常是不管用的。因为它只是纸上谈兵,终究是浅显的,唯有切实展开对自己的训练才会有效。

觉醒就是平凡人踏踏实实地完成一件平凡的事情。这不是一个伟大的目标,只是认出、找到和拿回自己生来就具备的东西,并不是别人给了您没有的一个东西。当向外追求觉醒与开悟的时候,那就证明您还是没有到达。您如何才能很努力地去到达本来就在的一个地方?这不是 A 点到 B 点的移动,而是 A 点到 A 点的移动,这是同一空间里的发生。诚如古人所言,"此岸即彼岸",一念之转而已。

因此,觉醒那扇门是从里边打开的,因为您就在里面:您拼命地想进入一扇门,在外边不断敲门,直到有一天门忽然开了,您发现自己不是在门外,而是在门里,一切就结束了。可见,觉醒并不是一个可以达成的目标,而是所有找寻的止息。

我们可以这样来觉察：当您说醒来时，是从哪里醒来的？说解脱时，是从什么里解脱的？不必研究自己开悟了没有，您能做功的地方，就是去看看那些您不开悟的地方，在那里可以做大量的工作。换成这样一个角度去探索，才发现还有那么多该做的，这就是您的出发点。

当我们完全从头脑的制约里解脱出来以后，就会看到内在有一种清净或近似平静的喜悦。追求快乐的人都不会快乐，是因为他们把生命里的发生区分为快乐和不快乐，所以没有办法快乐。当我们有一天不再去区分快乐和不快乐，不一味追求快乐，不在乎自己快不快乐，头脑里的一些习性运作模式就停止了，然后我们产生了一种喜悦，它更接近于平静。这也是苏轼经历世间打磨后"也无风雨也无晴"的心态。

对生命最后的通达，一定是跟生死有关的话题。关于生与死的受苦，了生脱死并不是长生不老，而是了解对生死的恐惧，了却对生死的执着。所有受苦的止息，是指苦与乐之间那堵墙被拆除，再也不把生命体验划分成苦和乐。因为这种划分，是自我中心主导的意识才产生的结果。当具有"分别一切法，不起分别想"的能力，那就只剩下体验者了。如是观之，不光是没有了体验者，连体验也没有了，它就只是一个发生。这时候，没有主体客体，一个片刻接着一个片刻，连时空都是幻相，这就是证悟空性，在源头意识里认知事物。到这个阶段,才敢说生活怎么来就怎么过,而在自我中心的意识状态里是做不到的。所以,我们与那些成就者最大的不同,只在于我们比他们多了一个东西——小我。

生命旅程留下的就是一路的体验,全然去创造生命里的所有体验,把它转化得更美好,并在每一段缘分、每一个当下,都有一份平静、喜悦的美妙体验。这样,经验情绪、时间、关系、生活乃至一切的方式都变了,这有助于我们赢得高品质人生。

最后,关于"我是谁"的困惑也解决了。因为关键不是"我是谁"那套理论,而是您是否真正体验到自己是谁,并且能稳定在那里。这就是恒久非二元对立,亦即物我两忘、天人合一的融入宇宙源头的状态。现在,我们就像钟摆一样,在自性和习性之间来回摆动,直到有一天稳定下来。这样一种静定的状态,便是觉醒。我们对觉醒的理解非常朴实和现实,就是怎样把生活过好,因为觉醒之后还得过日子。

当您对自己的内在有了真实的看见,就会有更多的连接和贡献,我们所有的关系都会改善。不要总是想着立马实现终极的觉醒,而应关注如何让生命里的一切变得美好,这是多么现实的目标。如果一切都那么苦,怎么可能是觉醒的?就算您通达和清晰了全世界所有觉醒的路径,又能怎么样? 心中的蓝图需要转化为现实的登攀,路还是要一步一个脚印,踏踏实实地走。

　　智慧人生文化不只是给大家提供一套新的理论系统,更是一整套的生命成长技术。我们不仅可以利用这套技术来使自己成长,还可以用来帮助别人。就像开车一样,要通过练习才可以掌握,娴熟驾驶不是靠满脑子的条文,而是靠反复训练后手脚并用的"肌肉记忆"。我们只是在这里提供了一条可行的道路,需要您亲身去真修实证。

结语

　　把前述终极问题的体悟，用容易看得懂的文字进行诠释，以引发大家深入探讨、切身实行，这是我们出这本书的目的。无论多么艰深晦涩的内容，我们都力求通俗易懂地表达，让大家可以一目了然，并引经据典加以阐释，引导大家在生活中成长，在关系中实践，在觉醒中活出更充实、更精彩、更有价值的人生。

　　智慧人生，像是一本内功修炼的秘籍，当您认识到这一点时，内心萌生出一粒种子，我们要不断灌溉它，让它生根发芽、开花结果。智慧人生，只是在复杂的世界里，做一个简单的人，静心看世界，欢喜过生活。愿每个人，都能重归平静，不浮不躁，不慌不忙，淡定从容地过好这一生。安顿好生命，让身心舒适，就需要从宇宙深处汲取能量，从天地大道中获得磅礴伟力，一生都要保持中道、全然体验、随顺因缘、与道同行；抬头看天，低头看路，带着觉察，活在当下。

儒家实现人生意义的崇高理想，诚如张载所言："为天地立心，为生民立命，为往圣继绝学，为万世开太平。"《礼记》讲："仁者，天地之心。"人是宇宙之精华、万物之灵长，要学会成长自己、发展自己，全然活出自己（真我），对得起造化的安排。我们的身心都要全方位地实现成长进化，其方向是与所属系统目标合一。对于系统一体性的认识与理解，是一个人能否活出意义的根本。人是群体动物，要在群体中创造价值，圆满各种关系，敦伦尽分、学以成人、成己成物，事不避难，义不逃责，立德立功立言，主动肩负人生使命，实现生命蓝图。如此，方不枉此生。

弘扬传统文化、传承生命智慧，旨在如何把日子过好，在未来的生命中能遇见更好的自己，在究竟实相中获得清净自在。尽管随着时代发展，传统文化中许多内容看似不适用于当代，但是其真精神却可以通过创造性转化和创新性发展的方式应用于当下。祈愿如此实用的成长智慧，能够帮助更多需要的人，开启人生无限美好的可能。

智慧人生文化是生命管理科学，在这里可以学习到幸福的能力、心灵圆满的能力、身心健康的能力、关系成功的能力，让我们在关系里更圆熟，生命更成功、通过对生命的探索、对身心的探索，在生命中的所有方面同时到达成功。智慧人生文化推广的不是一套书，而是在推广一种更深刻的生活方式，推广一条通往内在与终极智慧的道路。

　　走进智慧人生文化，我们对生命的理解可以更深刻，对关系、对心理、对意识、对头脑、对念头、对生活、对整个世界，都会有更深刻的理解。生命从此将不再肤浅，生活里让我们受苦的事情也会变得越来越少。如果我们不受苦，生活也就是快乐、喜悦的。我们才可以将这份喜悦的生命状态，带给更多的人，利益更多生命，期待大家一起来探索生命的智慧！